无人系统技术出版工程

基于学习的无人机目标位姿估计方法

Learning Based Pose Estimation of Unmanned Aerial Vehicle Related Targets

唐邓清　牛轶峰　相晓嘉　沈林成　著

国防工业出版社

·北京·

内 容 简 介

本书针对无人机相关具体工程应用，分别从传统的广义特征和新兴的深度特征两类特征出发，系统阐述了基于学习的无人机目标位姿估计技术和方法。本书共5章，包含了绪论、学习型目标位姿估计问题建模、广义特征驱动的目标位姿估计方法、深度特征驱动的目标位姿端到端估计方法、目标位姿估计方法性能试验验证内容。

本书涉及的相关技术模型和算法皆经过了严格的理论证明和试验验证，具有较强的工程实用参考价值，可供从事无人机应用技术、机器视觉技术等相关工作的科技人员参考。

图书在版编目（CIP）数据

基于学习的无人机目标位姿估计方法／唐邓清等著.
—北京：国防工业出版社，2024.7
ISBN 978-7-118-13267-0

Ⅰ.①基… Ⅱ.①唐… Ⅲ.①无人驾驶飞机-目标-估计 Ⅳ.①V279

中国国家版本馆 CIP 数据核字（2024）第 064664 号

※

国防工业出版社出版发行
（北京市海淀区紫竹院南路23号　邮政编码100048）
天津嘉恒印务有限公司印刷
新华书店经售

*

开本 710×1000　1/16　印张 8　字数 132 千字
2024 年 7 月第 1 版第 1 次印刷　印数 1—1600 册　定价 80.00 元

（本书如有印装错误，我社负责调换）

国防书店：(010) 88540777　　书店传真：(010) 88540776
发行业务：(010) 88540717　　发行传真：(010) 88540762

《无人系统技术出版工程》
编委会名单

主编 沈林成 吴美平

编委（按姓氏笔画排序）

卢惠民 肖定邦 吴利荣 郁殿龙 相晓嘉

徐 昕 徐小军 陶 溢 曹聚亮

序

近年来，在智能化技术驱动下，无人系统技术迅猛发展并广泛应用：军事上，从中东战场到俄乌战争，无人作战系统已从原来执行侦察监视等辅助任务走上了战争的前台，拓展到察打一体、跨域协同打击等全域全时任务；民用上，无人系统在安保、物流、救援等诸多领域创造了新的经济增长点，智能无人系统正在从各种舞台的配角逐渐走向舞台的中央。

国防科技大学智能科学学院面向智能无人作战重大战略需求，聚焦人工智能、生物智能、混合智能，不断努力开拓智能时代"无人区"人才培养和科学研究，打造了一支晓于实战、甘于奉献、集智攻关的高水平科技创新团队，研发出"超级"无人车、智能机器人、无人机集群系统、跨域异构集群系统等高水平科研成果，在国家三大奖项中多次获得殊荣，培养了一大批智能无人系统领域的优秀毕业生，正在成长为国防和军队建设事业、国民经济的新生代中坚力量。

《无人系统技术出版工程》系列丛书的遴选是基于学院近年来的优秀科学研究成果和优秀博士学位论文。丛书围绕智能无人系统的"我是谁""我在哪""我要做什么""我该怎么做"等一系列根本性、机理性的理论、方法和核心关键技术，创新提出了无人系统智能感知、智能规划决策、智能控制、有人-无人协同的新理论和新方法，能够代表学院在智能无人系统领域攻关多年成果。第一批丛书中多部曾获评为国家级学会、军队和湖南省优秀博士论文。希望通过这套丛书的出版，为共同在智能时代"无人区"拼搏奋斗的同仁们提供借鉴和参考。在此，一并感谢各位编委以及国防工业出版社的大力支持！

吴美平

2022 年 12 月

前　言

　　无人机在执行侦察任务过程中，持续精准地监测自身及目标的空间运动状态，是无人机有效完成侦察任务的基本前提。其中，空间位置作为一类典型的空间运动状态，是无人机飞行控制及目标运动分析的基本元素。除此之外，空间姿态往往也是决定空间运动状态的重要因素。利用视觉系统感知机体自身状态和被跟踪目标运动状态，是无人机自主遂行特定任务的重要环节。近年来，基于视觉的目标位置估计研究取得了较为显著的进展和成果。姿态作为另一类空间状态，蕴含位置无法表征的运动信息，研究位置和姿态的联合估计对无人机任务能力提升具有重要的理论意义和应用价值。

　　本书面向无人机相关应用开展目标位姿估计研究，现有的目标位姿估计相关研究虽取得了一定的成果，但距离无人机相关大尺度场景的实际应用仍存在较大差距，在适应性、时效性和精确性方面仍存在不足：一是无人机相关应用场景对算法运行效率要求较高，而现有方法多追求算法的精确性和鲁棒性，而忽视了算法的复杂度；二是在实际应用中序列图像往往是可获取的，而序列图像中蕴含了目标的时域依赖关系，充分利用时域依赖信息能够提升位姿估计精度，现有的方法大多针对单帧图像，仍存在位姿估计精度提升空间；三是现有的方法多是基于网络公测数据集完成的，对于一组试验数据，抽取其中的小部分作为训练集，用剩余的部分作为测试集评测算法性能，这与实际应用场景的算法运用方式完全不同。在无人机相关大尺度应用场景中开展目标位姿估计研究，不仅需要考虑算法在不同算力平台的运行效率，而且需要综合考虑野外环境下光照、背景等因素的动态变化对位姿估计精度的影响，因此本书的内容具有较强的实际应用价值。

　　本书共 5 章：第 1 章介绍研究背景及意义，揭示基于可见光视觉的目标位姿估计问题内涵，剖析目标位姿估计研究所面临的挑战，概述国内外关于目标位姿估计方法的研究现状，并介绍本书的主要研究内容、主要贡献和章节安排。第 2 章介绍目标位姿估计原理，针对实际应用场景，给出系统软硬件架构要素，并明确系统的坐标系定义。第 3 章基于广义特征，介绍广义特征驱动的目标位姿估计方法。第 4 章从深度特征入手，介绍深度特征驱动的目标位姿端到端估计方法。第 5 章针对无人机自主起降和对地目标侦察两个应用场景，对目标位姿估计的应用效果进行探讨。

本书分别从广义特征和深度特征入手,对无人机相关应用场景下的目标位姿估计问题进行研究,既有较强的工程应用意义,也是新技术的探索尝试。本书研究工作得到了国防科技大学智能科学学院的大力支持及无人机团队的倾力付出,在此表示衷心感谢。

由于作者水平有限,加上目标位姿估计在无人机相关场景的应用研究较少,故本书中难免会出现疏漏与不足,恳请读者批评指正。

目 录

第1章 绪论 ··· 1

  1.1 研究背景及意义 ·· 1

  1.2 目标位姿估计内涵与挑战 ··· 2

    1.2.1 目标位姿估计内涵 ·· 2

    1.2.2 目标位姿估计挑战 ·· 3

  1.3 国内外研究现状 ·· 4

    1.3.1 基于人工设计特征的位姿估计研究现状 ························· 4

    1.3.2 基于学习特征的位姿估计研究现状 ······························· 7

    1.3.3 刚体目标的位姿估计研究现状 ···································· 9

    1.3.4 目标位姿估计研究现状评述 ······································ 11

第2章 学习型目标位姿估计问题建模 ······································· 13

  2.1 引言 ·· 13

  2.2 目标位姿估计原理 ·· 13

    2.2.1 基于广义特征的位姿估计 ··· 14

    2.2.2 基于深度特征的位姿估计 ··· 14

  2.3 系统要素分析 ·· 15

    2.3.1 硬件架构要素 ·· 15

    2.3.2 软件架构要素 ·· 16

    2.3.3 坐标系定义 ··· 18

  2.4 仿真验证环境构建 ·· 21

    2.4.1 地基视觉无人机降落状态监测仿真环境 ······················· 22

    2.4.2 机载视觉地面目标追踪应用场景仿真环境 ···················· 23

  2.5 本章小结 ·· 24

第3章 广义特征驱动的目标位姿估计方法 ································· 25

  3.1 引言 ·· 25

  3.2 目标位姿估计滤波模型 ·· 25

  3.2.1 位姿估计方程构建 ·············· 25
  3.2.2 模型最优性分析 ··············· 27
 3.3 观测量获取 ····················· 29
  3.3.1 目标锚点选取方案 ············· 30
  3.3.2 目标锚点检测算法 ············· 30
 3.4 目标位姿估计滤波算法 ············· 38
  3.4.1 算法要素 ·················· 38
  3.4.2 算法流程 ·················· 38
 3.5 仿真算例验证 ··················· 39
  3.5.1 地基视觉场景算法性能分析 ········ 40
  3.5.2 机载视觉场景算法性能分析 ········ 48
  3.5.3 两类场景的算法性能对比分析 ······· 51
 3.6 本章小结 ······················ 53

第 4 章 深度特征驱动的目标位姿端到端估计方法 ······ 54
 4.1 引言 ························· 54
 4.2 目标位姿端到端估计模型 ············ 54
  4.2.1 位姿估计网络框架设计 ·········· 54
  4.2.2 序列图像端到端估计网络 ········· 56
 4.3 观测量获取 ····················· 60
  4.3.1 转换模型 ·················· 60
  4.3.2 转换参数估计 ··············· 61
 4.4 目标位姿端到端估计算法 ············ 65
  4.4.1 算法要素 ·················· 65
  4.4.2 算法流程 ·················· 66
 4.5 仿真算例验证 ··················· 67
  4.5.1 地基视觉场景算法性能分析 ········ 67
  4.5.2 机载视觉场景算法性能分析 ········ 71
  4.5.3 两类场景的算法性能对比分析 ······· 75
 4.6 本章小结 ······················ 76

第 5 章 目标位姿估计方法性能试验验证 ············ 77
 5.1 引言 ························· 77
 5.2 试验环境构建与参数配置 ············ 77
  5.2.1 地基视觉无人机降落状态监测系统 ···· 77

5.2.2 机载视觉地面目标追踪系统 ……………………………………… 80
5.3 地基视觉场景目标位姿估计算法性能验证 ……………………………… 82
　5.3.1 广义特征位姿估计滤波算法性能分析 ………………………… 82
　5.3.2 深度特征位姿端到端估计算法性能分析 ……………………… 86
　5.3.3 位姿估计误差分析 ……………………………………………… 90
5.4 机载视觉场景目标位姿估计算法性能验证 ……………………………… 94
　5.4.1 广义特征位姿估计滤波算法性能分析 ………………………… 94
　5.4.2 深度特征位姿端到端估计算法性能分析 ……………………… 100
　5.4.3 位姿估计误差分析 ……………………………………………… 104
5.5 本章小结 …………………………………………………………………… 107

参考文献 ……………………………………………………………………… 108

第1章 绪　　论

1.1 研究背景及意义

无人机作为目前最为常见的一种空中机器人，于20世纪20年代诞生。随着无人机技术的发展，无人机的飞行航时、负载能力等各方面性能不断提升，无人机越来越受到人们的关注，在民用领域和军事领域的应用范围越来越广泛。相比传统的有人机，无人机在成本、航时和人员伤亡风险等方面展现出了得天独厚的优势。

无人机在执行各项任务的过程中，实现对自身和任务目标的空间状态实时精确监测，是无人机智能的重要体现，也是完成各项任务的基本要求之一。空间状态包括位置、姿态及运动方向等。感知自身和任务目标在空间中的实时位置是实现稳定飞行控制和目标运动分析的基础之一。然而，目标姿态往往是决定目标运动状态的重要因素。在无人机整个任务过程中，精确获取自身和任务目标的姿态信息，能够更加全面地感知自身和任务目标的空间状态。因此，实现位置和姿态的联合精确估计对无人机具有十分重要的意义。通过外部辅助感知手段，可以将无人机自身的位姿估计问题转化为无人机任务目标的位姿估计问题，从而实现了与任务阶段目标位姿估计问题的统一。综上所述，如何快速精确估计目标的空间位置和姿态，是本书关注的重点问题，也是当前无人机技术的研究热点之一。

眼睛作为人类唯一的视觉传感器，能够为人类提供丰富的外界信息。近年来，为了模拟人类获取和处理信息的方式，视觉传感器在无人机研究领域的应用越来越受到人们的重视。随着计算机视觉技术的飞速发展，基于视觉提取信息在精确性、实时性、鲁棒性等各项性能上均得到不断提升。视觉传感器采用非接触、非主动的方式捕获环境信息，加之在质量、体积及成本方面的优势，使其能够满足许多应用场景的需求，成为无人机系统不可或缺的部分。视觉传感器的成像过程本质上是对周围环境的高维信息进行降维的过程，即在图像产生的过程中丢失了维度。因此，如何从低维图像中恢复目标的高维空间位姿信息仍然是一项极具挑战性的工作。

利用深度摄像机能够直接获得目标的深度信息。因此，利用深度视觉完成目标的位姿估计成为当前的主流方案之一[1-4]。根据工作原理的不同，深度摄像机主要分为三类：基于飞行时间的深度（time of flight，TOF）相机、立体视觉摄像机和结构光摄像机。这些深度摄像机在功耗、体积、测量精度、光照敏感度等方面性能具有各自不同的优势。然而，有效工作距离较短是它们共同的缺陷，从而导致其应用场景多为室内或小尺度室外环境。考虑到在军用领域应用场景的大尺度性，应用深度视觉感知目标位姿的可行性较低。可见光摄像机的有效工作范围较广，场景适应性较强，虽然不能直接获取目标的深度信息，但可以通过学习等方式充分挖掘和利用目标的先验信息，从而获得额外的约束关系，为精确估计目标位姿奠定基础。当前基于可见光摄像机实现目标位姿估计的研究已经取得一定的成果，但这些方法在适应性、时效性和精确性方面仍然存在不足。

综上所述，本书针对目标位姿估计问题，以可见光摄像机为主要感知手段，立足数据驱动的基本思想，从大量数据中学习目标不同形式的先验信息，开展高适应性目标位姿实时、精确估计研究，为基于可见光摄像机的目标位姿估计问题提供新的解决思路。

1.2　目标位姿估计内涵与挑战

▶ 1.2.1　目标位姿估计内涵

本书主要利用视觉序列图像，通过学习的方式挖掘目标先验信息，实现目标位姿的实时精确联合估计。首先，序列图像是带有连续时戳标签的多帧图像。与单帧图像、无时戳标签的多帧图像或带有非连续时戳标签的多帧图像相比，序列图像蕴含了目标在连续时域空间中的运动关联信息。充分挖掘并有效利用目标的时域运动信息，能够进一步降低观测噪声对目标位姿估计精度的负面影响，提升目标位姿估计算法对实际系统的适应性。在实际应用中，摄像机的连续工作特性使得序列图像完全可获取。因此，本书以目标的序列图像为基础，提取目标的时域依赖关系，构建目标运动的时域约束，从而提高目标位姿估计的精确性。其次，目标的成像过程本质上是一个维度丢失的过程，直接从图像中恢复目标空间位姿信息是不可行的。因而需要借助目标不同形式的先验信息，构建附加的约束关系，辅助完成目标位姿的恢复。最后，以实际应用为研究牵引，在相关算法研究的过程中应充分考虑实际应用中的各方面现状和限制。其中，算法运行平台的性能直接决定算法运行的效率。为了提高算法对不同运算性能平台的适应性,算法在设计过程中还需关注算法的时效性,在不过多损失精度的前提下,开展算法轻量化研究。

1.2.2　目标位姿估计挑战

结合无人机系统的实际应用场景,序列图像驱动的目标位姿估计研究面临的挑战可总结为以下四点。

(1) 目标深度的不确定性。从单目图像提取目标空间高维信息的最大挑战是无法确定目标的深度。根据经典的小孔成像模型,空间点(X,Y,Z)与其对应的图像点(u,v)通过式(1.1)实现关联:

$$\begin{bmatrix} u \\ v \\ 1 \end{bmatrix} \sim s \begin{bmatrix} f_x & 0 & c_x \\ 0 & f_y & c_y \\ 0 & 0 & 1 \end{bmatrix} \begin{bmatrix} X \\ Y \\ Z \end{bmatrix} \tag{1.1}$$

式中:f_x、f_y、c_x、c_y为摄像机内参数,可通过标定获取;s为同深度Z成反比的未知因子。由于s的未知性,因此无法根据(u,v)推导对应的(X,Y,Z)。解决该问题的方式较多,如利用不同摄像机拍摄同一个目标而获得多张图像,根据其中的特征匹配关系可实现深度的估计;更加直接的方法则是通过激光雷达探测目标的深度信息并与图像信息融合。上述方式需要其他传感器辅助,而本书仅依赖单目图像实现目标位姿的估计,因此这是一项具有挑战性的研究工作。

(2) 目标外观的多变性。除了目标本身的外观,拍摄视角、光照强弱也直接影响目标在图像中的成像。在实际应用场景中,目标同视觉系统通常存在相对运动,这将导致摄像机观测目标的视角不断发生变化,意味着目标在图像中的成像将不断变化。除此之外,室外场景中的光照强度和变化无法人为控制,势必导致目标的成像随着光照的变化而改变。目标成像的频繁变化造成了目标图像特征的不稳定性,对目标特征提取算法的适应性提出了相当高的要求。

(3) 任务场景的高动态性。在无人机的任务场景中,常伴随着自身或目标的高速运动。首先,这种高动态性对传感器性能提出了要求,比如摄像机的高速转动可能造成图像的运动模糊;其次,为了保证目标位姿估计的时效性,要求算法具备较强的实时性能,为视觉系统提供实时的目标位姿,从而保证视觉系统对目标的稳定跟踪;最后,目标的高速运动可能造成视觉系统在视野中对目标的频繁短暂丢失,这就要求算法能够准确判断目标的状态,及时做出决策。

(4) 系统性能的限制性。实际应用场景中的视觉系统需要综合考虑负载、体积、成本以及功耗。在这些因素的限制下,可能无法搭载性能优越的传感器和算法处理器。换言之，算法可能需要依托精度有限的传感器以及计算能力有限的处理器完成目标的位姿估计。传感器数据作为算法的输入内容，伴随较大的噪声势必影响算法的精确性；与此同时，算法处理器作为算法的运行平台，计算能力不足也势必大大降低算法的实时性。因此，系统的性能限制对算法的设计提出了挑战。

1.3　国内外研究现状

如图 1.1 所示，目标位姿估计方法根据原理和对象可以分为不同的类别。按照算法原理，主要分为基于模板的方法和基于特征的方法。其中，基于模板的方法几乎都是依赖模板匹配算法完成的，采用的模板包括形状模板、颜色模板等。基于特征的方法是当前研究的主流方案。图像特征根据其设计方式主要分为人工设计特征和学习特征。其中，人工设计特征通过人为总结大量先验知识而人为设计，是一种人工经验的体现，如 SIFT 角点特征、霍夫直线特征等；学习特征则是利用大量的数据，通过神经网络的训练自主学习获得。另外，根据对象是否存在关节可以将目标分为刚体目标和关节式目标。本书针对的目标是刚体目标，即目标自身内部不存在相对运动，并基于学习特征估计目标的位姿。

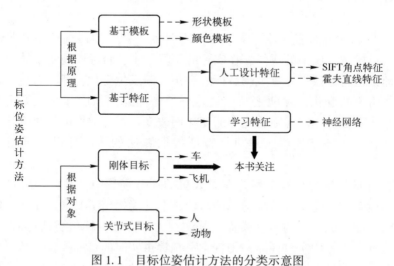

图 1.1　目标位姿估计方法的分类示意图

1.3.1　基于人工设计特征的位姿估计研究现状

综合当前的研究成果，根据所提取的特征对象目标位姿估计主要分为四类：基于点的、边缘的、区域的以及混合特征的目标位姿估计。

1.3.1.1 基于点的目标位姿估计

基于点的目标位姿估计方法通常分为两个步骤：目标特征点的提取和目标位姿的解算。图像角点是一种经典的图像特征点。狭义的角点定义为图像中两条边的交点，而广义的角点则定义为拥有特定特征的图像点。图像角点检测作为计算机视觉早期研究的焦点，获得了一系列较为显著的成果[5-9]。这些角点特征的相继提出旨在不断降低角点检测对图像旋转、目标尺度、光照变化等因素的敏感性，提高角点检测算法的鲁棒性和精确性。目标位姿的解算主要根据 n 点透视（perspective-n-points，PnP）问题的求解原理完成。该问题的首次提出是 Fischler 等[10]在研究如何利用刚体目标的合作特征求解刚体目标位姿时提出的。PnP 问题最少需要 3 组点对才能实现求解，即 P3P 问题。但解算结果中最多包含 4 组解，在实际应用中通常需要利用先验知识排除错误解，从而获得唯一解。求解 PnP 问题的方法较多[11-15]。这些方法在算法复杂度、精确性以及对输入点对数量的敏感性具有各自的优势和缺陷。比如：Lepetit 等[11]提出的解算方法计算效率高，但在精确性方面有所欠缺；RPnP 算法[12]的计算复杂度同样较低，但在输入点对数量较多时表现出较低的精确性；Zheng 等[14]提出了一种高精度解算方法，但在输入点对数量较少时运算效率较低。

关于点特征驱动的目标位姿估计研究，Skrypnyk 和 Lowe[16]提出了一种无须相机标定、先验知识和人工初始化的 3D 目标跟踪器。该算法分为两个阶段：首先离线地从参考帧中提取 SIFT 角点特征从而建立多视角的对应关系；随后完成相机标定参数与相机位姿映射关系的计算。针对目前某些 3D 目标实时跟踪算法鲁棒性较差、容易产生漂移和抖动的问题，Vacchetti 等[17]将 3D 跟踪问题建模为光束平差问题，并提出了一种同时适应多种尺度基线的图像匹配算法。该方法不仅提高了鲁棒性，适应了目标部分出视野、视角、光照和焦距变化等复杂场景，且解决了漂移和抖动问题。

1.3.1.2 基于边缘的目标位姿估计

边缘广泛存在于物体与物体之间、物体与背景之间。由于目标的边缘特征相比点特征其遮挡、光照和视角变化等因素，在图像中呈现出更加稳定的特性，采用目标的边缘特征相比点特征具备更强的适应性。以目标的边缘为基础估计目标位姿，主要是利用目标的边缘中的直线部分来恢复目标位姿。

同基于点特征的 PnP 问题对应，基于直线特征的目标位姿估计大多可以分为直线的提取和 n 线透视问题（perspective-n-line，PnL）问题求解两个步骤。较为经典的图像直线提取方法首先采用诸如 Sobel、Canny 之类的梯度算子提取图像的边缘信息，随后通过 Hough 变换检测直线。为了进一步提高直线检测的各方面性能，Gioi 等[18]提出了一种称为 LSD 的直线检测器。它能够在线性时间内获得亚像素级的直线检测结果,在效率方面相对霍夫变换方法得到了较大提升。同 PnP 问题类似,PnL 问题最少需要 3 条直线。当直线数量为 3 时,可以将 PnL 问题转化为求解 8 次多项式的问题[19-20],即存在 8 组解。众多学者针对 PnL 问题的求解开展了大量研究,根据是否通过设计目标函数迭代求解可以将研究成果大致划分为迭代方法[21-23]和非迭代方法[24-27]。迭代方法往往在精度方面优于非迭代方法,但算法运行速度相对较慢,效率较低。Harris 等[28]提出了一种实时目标位姿跟踪器 RAPID,对目标的边沿特征进行实时跟踪。Pupilli 和 Calway[29]通过深入设计粒子滤波器的观测模型实现了对目标的 3D 跟踪。该算法通过将已知模型对应的多段边缘在 3D 空间实现连接,并对异常的连接分支进行快速计数,从而在包含复杂边沿背景的图像中,实现了目标边缘的鲁棒准确提取。然而该方法仅限于跟踪几何结构较为简单的目标。由于补偿过程需要消耗较多的计算资源,而粒子滤波器需要对每个粒子都进行补偿操作,因此无法实现隐藏边缘的去除过程,这也就导致该方法只能跟踪不闭合的简单目标。Klein 和 Murray[30]针对上述局限,对粒子滤波器进行了改进,因而能够实现对自遮挡目标的准确跟踪。此外,该算法在具备硬件加速条件的情况下运行效率高,实时性较强。

1.3.1.3 基于区域的目标位姿估计

基于区域的目标位姿估计方法是利用目标在图像中的区域推导目标位姿,适用于在图像中呈现一定轮廓特征的目标。基于边缘的估计方法要求目标带有较多的直线轮廓特征,相比之下,基于区域的估计方法适用性更加广泛。

基于区域的目标位姿估计方法可分为目标区域提取和位姿解算两个步骤。目标区域提取在计算机视觉领域中成为目标分割或语义分割,即对图像中每个像素点进行分类,目标区域则是由所有属于目标类别的像素组成的。在图像中,目标区域和目标轮廓通常可以互相转化,因此,可以通过提取目标轮廓获取目标区域。传统的目标分割方法较多,从最直接的阈值分割法,发展至图论分割法[31-32]、主动轮廓法[33-34]、基于小波的分割方法[35-36]等,发展较为成熟。在获得目标轮廓后,通常的做法是通过建立同图像目标轮廓与目标模型投影轮廓距离相关的目标函数,迭代地求解目标位姿。总体来说,可以分为两类方法:基于滤波的方法[37-39]和鲁棒估计法[40-41]。

1.3.1.4 混合特征的目标位姿估计

单一的特征对特定的环境因素较为敏感,适应性较差;混合特征利用各类特征的优势,能在一定程度上提高算法的鲁棒性。当前,点、线作为图像目标较为基础的特征,结合它们实现目标位姿估计的研究相对较多[42-43]。此外,目标的几何特征也是一种可利用的目标特征[44-45],但该类特征同目标对象几何结构紧密相关,需要目标相关的先验知识。

1.3.2　基于学习特征的位姿估计研究现状

近年来，人工神经网络在计算机视觉领域取得了瞩目成果，与传统方法对比，体现出得天独厚的性能优势。人工神经网络在计算机视觉领域的应用主要通过卷积神经网络（convolutional neural network，CNN）提取图像特征，在目标分类、目标检测和目标分割等目标 2D 信息提取领域相比传统方法在精确性和鲁棒性方面展现出明显的优势。各层神经元构成了多种尺寸、参数不同的卷积核，通过对图像多层的卷积操作，提取出富有高层语义信息的特征图，作为分类、定位的特征输入。传统的特征检测方法基于预先定义的特征模板，环境适应能力较弱。此外，还需要根据光照等环境条件人工调节各项参数，且调节过程较为繁杂。而通过 CNN 提取目标特征，省去了根据不同场景调节参数的过程，提取的特征能够更加准确、鲁棒地表征特定目标，具有更强的适应性。然而，获得高性能的 CNN 需要构建数量庞大的训练数据集，对网络各层的卷积参数进行反复训练，因而并不适用于无法获得先验数据从而构建训练集的场景。本书针对能够获得大量先验数据集的场景，采用 CNN 对目标特征进行准确鲁棒的提取。

基于人工设计特征的目标位姿估计方法主体思想是通过匹配目标的 2D 和 3D 特征完成位姿估计。该类方法统称基于匹配的目标位姿估计方法。在 CNN 提取的特征基础上，匹配过程既可以采用人工设计的匹配准则，获取目标 2D 和 3D 特征的匹配关系；也可通过神经网络学习匹配映射关系，即包括特征提取和特征匹配的位姿估计全流程皆通过神经网络实现，此种方案也是当前以神经网络为基础估计目标位姿的主流思路，即目标位姿的端到端估计。

将 CNN 引入目标位姿估计的最初思想建立在用于图片相似度估计的 Siamese 网络[46-47]的基础上。整个流程首先利用 CNN 提取图片和模板的特征表达，随后通过评估特征向量之间的欧几里得距离或余弦距离，从而量化图片和模板之间的相似度。这类方法的训练样本通常由正样本和负样本组合而成。Kehl 等利用 CNN 构建自动编码器回归深度图像子区域的描述子，并通过投票机制估计目标的空间位姿。同样以深度图像为输入，Krull 等[48]采用合成分析方法，通过比较观测图像目标的特征图与特定姿态下渲染生成的虚拟目标特征图实现空间位姿的估计。该方法在位姿的预测值邻域取多个采样点生成渲染虚拟目标，并通过迭代的方式优化匹配效果。相比 RGB 图像，深度图像附加了深度信息，因此以深度图像为基础恢复目标空间位姿估计[49-50]的难度相对较小，其估计精度也相对更高。

具有旋转对称性的目标，即使在某些不同的视角，其成像也极其相似。针对具备旋转对称性目标的位姿估计一直以来是目标位姿估计研究领域的难点问题。而许多人工制造的物体，都具有旋转对称的特性，因此，针对这类目标的位姿估计研究具有重要的意义，同时也面临着较大的挑战[51]。早期的研究[52-54]大多采用人工设计的特征来描述目标中相似的局部区域，并将这些局部区域进行分组用于预测目标沿本体坐标系各轴的旋转顺序。Cohen等[55]针对对称性目标提出了群变卷积神经网络。这种新型网络通过使用一种相比传统卷积权重共享度更高的卷积方式，在不增加卷积参数的前提下能够提升网络的表达能力，从而更高效地提取目标的对称性。在此基础上，Weiler等[56]提出了可控卷积神经网络。该方法采用了一种尺度–矢量–张量组成的超越欧式空间的3自由度描述子来表征数据，随后利用等变卷积神经网络根据描述子进行匹配。Dieleman等[57]在卷积神经网络中引进2D旋转不变性，大幅度提升了网络对目标旋转的识别能力。针对目标的对称性，Corona等[58]提出的神经模型在训练过程中利用从互联网爬取的大量未经标注的目标三维模型，获取少部分经过对称标注的目标数据。

在实际场景中存在目标部分区域被其他物体遮挡或自遮挡的情况，如何在上述场景中实现目标的位姿估计是目标位姿估计研究领域的焦点之一。受到人体位姿估计研究的启发[59-60]，Brachmann等[61]结合目标3D位置坐标和目标类别提出了一种新的表达方式，即通过训练随机森林预测目标所有像素点在目标坐标系的3D位置，将这些预测值整合至能量函数中。此方法运用目标的局部特征，因而能够适应目标局部区域遮挡的场景。同样以目标分区为中心思想，Crivellaro等[62]将目标分为多个局部区域，并为每个区域设置7个虚拟控制点。这些虚拟控制点并不对应特定的图像特征，仅对应具有几何意义的空间点。这种表达方式对于目标部分的图像位置是不变的，并且仅仅由其外观决定。算法流程如图1.2所示，首先采用CNN对这些控制点的图像投影点进行精确检测，在进行高斯平滑操作后，通过这些投影点估计出这些局部区域的3D位姿。该方法能够解决目标部分被遮挡的问题，但需要对每个目标的每个部分标注精确的控制点，标注工作较为繁杂。采用早期图像相似度估计思想估计目标位姿的方法[48]，将实际目标的特征图和不同视角下合成目标的特征图的欧几里得距离或余弦距离作为能量函数值，同样也在一定程度上适应遮挡的目标。BB8[63]首先在图像中分割出2D目标，随后通过CNN检测目标的3D外接空间立方体的顶点2D坐标系，从而转化为PnP问题求解目标的粗略位姿，最后对目标的粗略位姿进行优化。由于此方法首先通过目标分割的思想获取目标2D区域，因此相比传统的滑动窗口方法更加适应目标部分遮挡的场景。

外界光照的变化是目标图像2D信息提取的共同难题，同时也是目标位姿估计研究的重点所在。如何降低光照变化导致目标成像变化对目标信息提取的

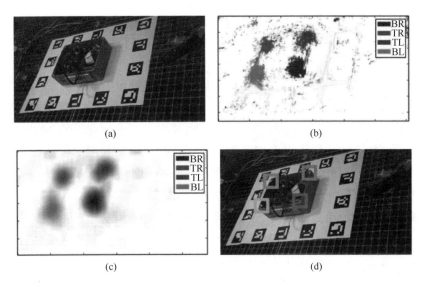

图 1.2 基于目标局部区域检测的位姿估计方法算法流程
(a) 输入图像；(b) 基于 CNN 的局部区域检测；(c) 高斯平滑；(d) 目标局部区域检测结果。

影响，一直以来是计算机视觉领域的热点研究问题之一，也产生了较多的研究成果，如 SLCN 和 DLCN[64]、局部响应归一化[65]、对照限制下的自适应直方图均衡化[66]。然而光照往往在整幅图像不都是均等的。采用上述方法能够很好地处理图像中局部的区域，但是常会对弱纹理的区域产生反作用。同时，部分研究追求训练样本广泛性，在多种光照下采集数据作为训练样本，对网络进行全面训练。该类方法严重依赖训练样本，大大降低了实用性。针对上述局限，Rad 等[67]根据图像局部的特征自适应地调整归一化参数，仅利用较少的训练数据，就能实现在多种光照条件下稳定准确的目标检测和空间位姿估计。

上述方法大多在包括 LINOEMOD、Occlusion[61]的公测数据集上完成训练和测试，这些数据集充分考虑目标对称性、目标局部遮挡以及外界光照变化等诸多难点问题，构建了对应上述困难场景的数据子集用于算法鲁棒性的测试。

1.3.3 刚体目标的位姿估计研究现状

在实际场景中的目标可以分为刚体目标和关节式目标。刚体目标内部各部分始终固连，因此可通过单个坐标系对其进行表征，而关节式目标由于关节的存在，各部分可能发生相对运动，因此需对每部分的位姿进行估计。本书仅针对刚体目标开展位姿估计研究。虽然这两类目标位姿估计的目的不同，但总体流程基本相同：首先在 2D 图像中检测出目标位置，并分离大部分背景；随后针对目标 ROI 区域进行目标位姿的估计。

早期的研究大多都基于刚体目标的 3D 模型，在目标的位姿空间中搜索目标当前的有效位姿[68]。利用霍夫变换和全局几何约束，Hausler 和 Ritter[69] 提出一种基于透视投影模型的数学校正分析方法。但根据其中对方向图的数学定义，在实际应用中用于目标识别的效果一般。为了提高目标识别的性能，Cyr 和 Kimia[70] 引入了视图空间采样概念，并将其应用于没有背景的单张图像目标位姿估计。基于具有尖锐表面交叉点的目标轮廓，一种利用单帧图像对目标进行 3D 重建的贝叶斯方法于 2003 年提出[71]。Sethi 等[72] 提出了一种在弱透视投影条件下对每个目标计算全局不变标签的方法。该方法被 Lazebnik 等[73] 扩展至透视投影模型，通过对每幅图像抽样多个极点，计算摄像机视点的可能范围。Liebelt 等以合成模型的观测视角空间搜索[74] 为思路开展目标估计位姿研究，并提出了一种生成式几何表征模型[75]。Villamizar 等[76] 首先利用共享特征数据库估计出多个候选目标位姿，随后通过随机姿态分类器对后续位姿进行验证。Glasner 等[77] 从多个视角图像中提取 3D 点云模型，用于对目标特定位姿下的外观特征进行聚类。通过专门设计针对 3D 几何约束的检测器，从而缩小场景、理解系统输入和目标检测器输出之间的映射距离[78]，此方法成功地扩展了可变性目标部件模型，从而使该模型同时包含观测视角的估计值和目标 3D 部件。Hao 等人[79] 通过目标局部和全局几何碎片的有效结合，实现了对 2D 图像和 3D 模型对应关系的构建。

将目标的 2D 分割、3D 位姿估计以及 3D 外观重建融合在同一个流程中实现。例如，采用高斯过程隐变量模型对目标的多视角外观进行降维处理，并通过两步迭代优化目标的外观和 3D 位姿[80]。这类方法的缺陷在于当背景比较复杂时，没有考虑目标轮廓的初始化问题；并且在某些场景下采用目标跟踪方案获得目标外形，仅能够在以视频为输入的场景下应用，限制了该类方法的应用场景。如图 1.3 所示，Wohlhart 等[81] 采用多维描述子表征目标位姿，统计计算描述子之间的欧式距离，对目标位姿进行离散的估计，从而将目标位姿估计问题转化为分类问题。

在以深度图像为输入内容的刚体目标 3D 位姿估计研究中，最具有代表性的方法[82] 以多尺度目标对象树结构为基础，有效地将数据整合进语义结构树中，同时检测和选择正确的目标类别，并实现目标位姿的进一步优化。该方法适应多尺度的训练和测试，并且几乎实时地识别出近千种目标的位姿。Rusu 等[83] 提出了一种用于目标检测以及位姿估计的视点特征直方图方法。目前，PCL 点云算法库（point cloud library，PCL）[84] 中集成了一些类似的表征方法。

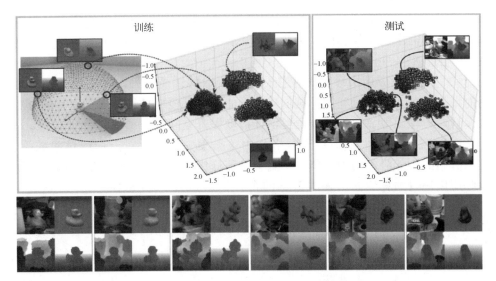

图 1.3　基于学习型描述子的目标位姿估计方法

1.3.4　目标位姿估计研究现状评述

根据上述国内外目标位姿估计研究现状，可以看出早期的目标位姿估计研究基本采用点、边缘、区域等人工设计特征和基于空间几何约束的位姿解算模型；而近期的研究则以神经网络为主体，通过学习的方式构建目标特征提取网络，实现目标特征的提取。

在传统的目标特征提取研究中，角点、边缘、区域的提取匹配方法在特定场景下能够取得较好的效果，对于平移、旋转、仿射变换等操作具有较强的鲁棒性，但对光照、视角、尺度等因素依然较为敏感。为了能够鲁棒地提取目标特征，摆脱对人工调参的依赖，通过构建深层神经网络，自主学习目标特征从而生成特征检测网络是目前的主流手段。

基于深度学习的位姿估计研究根据神经网络的用途可以分为两类：利用神经网络检测目标特定部分，并根据空间几何约束解算目标位姿和通过神经网络直接根据单帧图像解算目标的空间位姿。该研究主要针对提升以下几方面性能展开。

（1）提升目标位姿估计算法对光照的鲁棒性。

（2）提升目标位姿估计算法对部分被遮挡目标的位姿估计精度。

（3）提升目标位姿估计算法对具有结构对称性目标的位姿估计精度。

这些已有的经典方法虽然在上述方面取得了显著的成果，但与实际应用依然存在较大的差距，主要体现在以下方面。

(1)算法的运行效率在不同的运算平台中是不同的,不同的应用场景对算法效率的需求也不尽相同。现有的方法多追求算法的精确性和鲁棒性,而忽视了算法的复杂度。

(2)在实际应用中序列图像往往是可获取的,而序列图像中蕴含了目标的时域依赖关系,充分利用时域依赖关系能够提升位姿估计精度。现有的方法大多针对单帧图像,仍然存在位姿估计精度提升空间。

(3)现有的方法多是基于网络公测数据集完成的。对于一组试验数据,抽取其中的小部分作为训练集,用剩余的部分作为测试集评测算法性能,这与实际应用场景的算法使用方式完全不同。

本书以无人机相关场景的实际应用为驱动,针对上述差距,充分挖掘序列图像中的目标时域依赖关系,在算法设计过程中将算法效率作为重点关注指标,开展目标位姿估计的方法和应用研究。

第 2 章　学习型目标位姿估计问题建模

2.1　引　　言

无人机在执行任务过程中能够实时精确地感知位姿是一项重要的能力。对于无人机的起降过程，无人机能否精确实时地感知自身位姿直接决定了起降的成败；而在飞行过程中对特定地面目标位姿的精确估计，是无人机感知地面目标状态和意图的基础，也是无人机智能化的基本体现。针对上述两个场景，本章分别以广义特征和深度特征为基础揭示目标位姿估计原理，分析系统的软硬件架构要素，明确系统的坐标系定义，并构建仿真验证环境，为算例验证奠定基础。

2.2　目标位姿估计原理

通过地面视觉系统辅助完成无人机的降落是当前无人机起降研究中的常见手段。而无人机在飞行过程中对地面目标位姿的感知是通过机载视觉系统完成的。因此，上述场景中的位姿估计可以统一抽象为根据视觉系统输出的序列图像 $\{I_j | j=i, i-1, \cdots\}$ 估计图像目标位姿的过程。如图 2.1 所示，目标位姿估计研

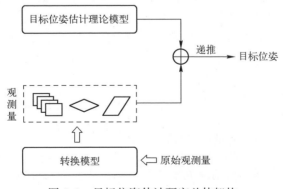

图 2.1　目标位姿估计研究总体架构

究主要分两部分展开。首先，建立目标位姿估计的理论模型，并定义模型所需的输入观测量；其次，根据理论模型对观测量的要求，构建转换模型，实现由传感器输出的原始观测量向模型输入的观测量的转换。基于上述总体架构，分别从目标图像的广义特征和深度特征入手，开展目标位姿估计研究。

2.2.1 基于广义特征的位姿估计

在计算机视觉领域中，针对如何从图像提取多维空间信息的问题，诸如视觉里程计、环境重构等，其传统的解决方案是以空间几何约束关系为基础展开研究[90]。对于基于序列图像的目标位姿估计问题，依赖目标的空间几何约束关系实现目标的位姿估计同样是可行的解决方案之一。利用空间几何约束关系估计目标位姿是以几何学理论为基础，结合目标的几何先验，根据目标的图像特征严格推导目标位姿的过程。充分利用目标的空间几何约束关系，构建基于广义特征的目标位姿估计理论模型，从原理上分析，具有以下两点优势。

（1）根据目标的空间几何约束关系建立目标位姿估计理论模型，推导目标的实时位姿，每个环节皆具有较为明确的物理含义，可解释性较强。

（2）依据目标的空间几何约束关系严格推导目标的空间位姿，整个推导过程以空间几何学为理论支撑，能够获得精确性较高的结果。

在传统的空间几何约束整体框架下估计目标位姿，所依赖的观测量包含目标的图像特征以及其他状态数据。其中，目标的图像特征体现于序列图像$\{I_j|j=i,i-1,\cdots\}$中，需要由转换模型实现特征的提取。目标的图像特征通常由诸如角点、斑点、直线、平面等较为直观的广义特征构成。传统的广义特征提取根据人工预先设定的检测算子完成，是一种人工经验的体现。研究成果表明，这类人工经验驱动的广义特征检测算子对光照、视角等因素较为敏感。近年来，随着机器学习与计算机视觉的深度交叉融合，通过学习的方式构建目标广义特征检测算子使鲁棒性得到了显著提升。以数据为基础，通过机器自主学习的方式构建目标广义特征检测算子，相比传统的人工经验驱动的检测算子具有更强的环境适应性。因此，本方案以机器学习为理论基础，在大量数据的驱动下，通过自主学习的方式构建目标广义特征检测算法。该广义特征检测方案的环境适应性较强，为最终的目标位姿精确递推奠定了基础。

2.2.2 基于深度特征的位姿估计

根据目标的空间几何约束关系估计目标位姿作为目标位姿估计研究的传统理论模型，虽然具有清晰的物理含义，但过于依赖目标的空间几何先验，限制了其应用场景范围。此外，该框架涉及的可变参数较多，需根据不同的应用场

景进行大量的人工参数调试。通过眼睛感知目标空间位姿是人的一项基本能力。人脑并非根据空间几何约束关系实现目标位姿的精确感知，而是由大量的脑神经元相互刺激完成。人工神经网络模拟人脑神经元处理信息的方式，通过多个人工神经元之间的连接，能够学习和构建具有非线性复杂关系的模型，实现类脑的信息处理。网络的学习可视为在大量的数据中提取先验，并以各神经元之间的连接权重参数为先验隐式体现的过程。在计算机视觉应用中，人工神经网络通常首先利用卷积神经网络提取深度特征，构成多通道特征图，并以此为基础，构建后续网络实现相应功能。综上所述，以神经网络理论为位姿估计理论模型的主要依据，在机器学习理论的驱动下，以深度特征为基础，构建由序列图像$\{I_j|j=i,i-1,\cdots\}$到目标相对位姿的端到端估计理论模型。同基于广义特征的位姿估计理论模型原理相比，其优势主要体现在以下三点。

（1）端到端的目标位姿估计方式将整个位姿估计过程集成至人工神经网络黑箱中，从而大幅度减少了算法涉及的参数设计和调试工作量，能够快速、高效地应用于不同的场景。

（2）目标的广义特征可能由于视角变化而被遮挡，从而严重降低其检测精度。而目标的深度特征对视角、光照等其他环境条件的变化具有较强的鲁棒性。

（3）神经网络采用从数据中挖掘并学习先验的方式，适用于无法预先获知目标几何先验的应用场景，进一步拓宽了算法的场景适用范围。

人工神经网络的神经元连接权重参数是以数据为基础通过反复学习获得的。因此，数据是神经网络功能化的重要元素，也是观测量中必不可少的部分。而数据作为目标位姿估计端到端网络训练的输入内容，同传感器输出的原始数据在数据构型、数据内涵等方面具有一定的差异。因此，完成原始数据向网络训练数据的转换，是转换模型的主要任务。

2.3 系统要素分析

2.3.1 硬件架构要素

对于针对的应用场景，以视觉系统为核心，负责大部分传感器数据的采集及算法的运行；以及要实现视觉系统的空间运动，载体系统是必不可少的。因此，需要着重对视觉系统、载体系统以及目标系统的硬件架构进行设计。

视觉系统的核心部件是一台可见光摄像机，用于生成序列图像。处理器作为算法运行的平台，其各方面性能对系统的运行起着至关重要的作用。此外，由于视觉系统与目标处于相对运动状态,因此如何保证摄像机能够始终捕获目标亦是关键环节。采用云台搭载摄像机的方式,通过实时控制云台的转动,实现摄像机对目标的稳定跟踪,是保证目标持续处于摄像机视野范围的常用手段。摄像机的姿态将不断发生变化,因而需要云台姿态感知器实时监测摄像机或云台的姿态。通常情况下,云台内部包含惯性测量单元(inertial measurement unit, IMU),用于实时估计并输出云台的姿态变化。载体系统的主要作用是搭载视觉系统在空间中的运动,它的运动状态影响摄像机的运动状态,故需要搭载里程计实时监测载体的运动状态。目标系统主要为视觉系统提供一个可视的运动目标,其本身并无其他硬件需求,但在试验过程中,为了对算法性能进行评价,需要目标位姿的真实值作为参考。因而同样在目标系统中搭载了一套里程计系统,实时监测并记录目标的真实位姿。

上述子系统之间的数据交互如图 2.2 所示。以视觉系统的处理器为信息收集中心,传感器数据以有线和无线两种方式进行汇总。处理器与载体系统、云台和摄像机主要通过有线的方式进行数据交互,实时接收的数据包括摄像机输出的序列图像、云台输出的云台姿态以及载体里程计输出的载体位姿;处理器同目标系统无法有线连接,因而采用无线通信的方式接收目标系统发送的目标真实位姿。除了接收各传感器数据,处理器还同时将云台控制信号传输至云台,实时控制云台转动,实现对目标的稳定凝视。

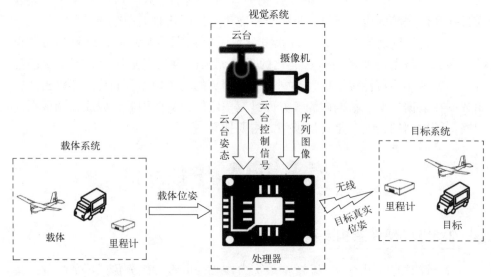

图 2.2　目标位姿估计系统的数据交互

2.3.2　软件架构要素

系统的软件架构决定了算法的可移植性和兼容性,而这些性能对算法的实现和调试过程至关重要。Linux 是一个多用户、多任务、支持多线程和多 CPU 的开源操作系统，此外，它还支持多种平台，方便了算法的移植，同时也提供了友好的用户交互界面，极大地方便了算法的调试。因此，依托 ARM 嵌入式处理器，构建以 Linux 系统为基础的软件环境。

无人机领域的研究综合性、交叉性极强，仅靠个人很难完成整套无人机系统的开发工作，需要团队共同完成。因此，该领域对于代码复用性和模块化的需求越来越强烈。顺应上述需求，机器人操作系统（robot operating system，ROS）于 2010 年问世，并很快得到了业界的认可。ROS 需要依托 Linux 系统进行部署，是一种次级操作系统，具有底层驱动管理和硬件描述等操作系统所具备的功能。该操作系统的开源性，是增强代码复用性和继承性的基础。它采用了一种中立接口定义语言实现各模块之间的通信，从而摆脱了对编程语言的依赖。通过话题的发布/订阅机制实现节点之间的信息传递，在一定程度上减轻了计算机的计算负载。综上所述，本书在 Linux 系统的基础上，搭建 ROS 次级操作系统，所有的算法模块皆以节点的形式进行开发设计。节点与硬件的连接关系以及节点之间的信息流如图 2.3 所示。驱动节点用于采集传感器数据并以 ROS 消息的形式进行发布；控制节点则根据当前状态计算控制量并发布，底层控制器订阅对应的消息以获取控制量数据。目标位姿估计节点组包含了目标位姿估计的核心算法，由多个算法节点共同构成。该节点组作为算法核心部分，订阅各驱动节点发布的传感器数据，完成对目标位姿的估计。其中，由该节点组估计的目标图像位置需实时反馈给云台控制节点，用于计算云台的实时控制量。该反馈过程同样采用发布订阅方式完成。

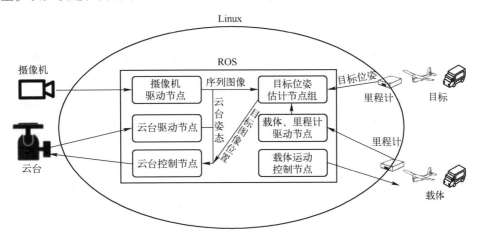

图 2.3　目标位姿估计软件系统各节点关系

2.3.3 坐标系定义

根据上文描述的系统硬件架构方案，整个过程涉及载体系统、视觉系统和目标系统，为了便于后续的目标位姿估计模型的具体构建，首先对整个系统涉及的坐标系进行定义，并明确各坐标系之间的转换关系。采用齐次变换矩阵 $\boldsymbol{T}$ 表征各坐标系之间的转换关系：

$$\boldsymbol{T} \in SE(3) \subset i^{4\times 4} \tag{2.1}$$

该变换矩阵属于特殊的 3D 欧几里得群，可分解为旋转矩阵 $\boldsymbol{R}$ 和平移向量 $\boldsymbol{t}$：

$$\boldsymbol{T} = \begin{bmatrix} \boldsymbol{R}_{3\times 3} & \boldsymbol{t}_{3\times 1} \\ 0_{3\times 1} & 1 \end{bmatrix}_{4\times 4} \tag{2.2}$$

其中，旋转矩阵 $\boldsymbol{R}$ 表征坐标系之间的旋转关系。假设其中一个坐标系依次绕 X 轴、Y 轴和 Z 轴转动的角度 φ、θ 和 ψ 可与另一个坐标系重合，则绕各轴的旋转矩阵可表示为

$$\boldsymbol{R}_X(\varphi) = \begin{bmatrix} 1 & 0 & 0 \\ 0 & \cos\varphi & -\sin\varphi \\ 0 & \sin\varphi & \cos\varphi \end{bmatrix} \tag{2.3}$$

$$\boldsymbol{R}_Y(\theta) = \begin{bmatrix} \cos\theta & 0 & \sin\theta \\ 0 & 1 & 0 \\ -\sin\theta & 0 & \cos\theta \end{bmatrix} \tag{2.4}$$

$$\boldsymbol{R}_Z(\psi) = \begin{bmatrix} \cos\psi & -\sin\psi & 0 \\ \sin\psi & \cos\psi & 0 \\ 0 & 0 & 1 \end{bmatrix} \tag{2.5}$$

式中：(φ, θ, ψ) 为欧拉角。上述旋转矩阵按序左乘，可推导出旋转矩阵 $\boldsymbol{R}$：

$$\boldsymbol{R} = \boldsymbol{R}_Z(\psi) \boldsymbol{R}_Y(\theta) \boldsymbol{R}_X(\varphi) \tag{2.6}$$

目标位姿估计系统坐标系如图 2.4 所示。下文将详细介绍各坐标系的定义，并明确各坐标系之间的转换关系特性。

2.3.3.1 系统惯性坐标系

系统惯性坐标系（inertial frame，$\mathcal{F}^i$）的原点一般固定在地球表面，各轴的方向 (X^i, Y^i, Z^i) 分别为地球北向、地球东向和指向地心的方向，通常称为北东地坐标系。该坐标系的原点多数情况下与载体系统的初始位置相关，方便起见，将其原点定义为载体系统启动的初始位置。

2.3.3.2 世界坐标系

世界坐标系（world frame，$\mathcal{F}^w$）是系统的绝对坐标系，通常作为载体和目标空间位姿表征的基准坐标系，同上述系统惯性坐标系存在固定的转换关系。

该坐标系的定义约束较少,根据具体的应用场景,以方便载体和目标位姿的转换与表征为宗旨。

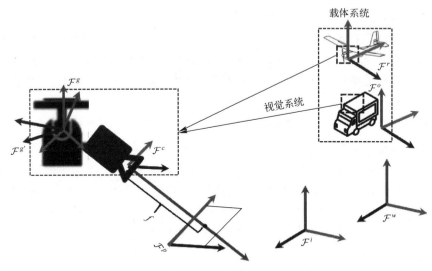

图 2.4　目标位姿估计系统坐标系

2.3.3.3　目标体坐标系

目标体坐标系(object body frame,$\mathcal{F}^b$)根据具体应用场景中目标的结构定义。该坐标系与目标完全固连,其原点通常设定为目标几何中心或质心。考虑到质心涉及目标的材质密度,选取目标的几何中心作为目标体坐标系原点。各轴方向(X^b, Y^b, Z^b)需要根据具体的目标结构进行设定。

2.3.3.4　视觉系统载体里程计坐标系

视觉系统载体里程计坐标系(robot odometry frame,$\mathcal{F}^o$)简称载体里程计坐标系。该坐标系通常与载体的里程计固连。该坐标系的原点和各轴方向(X^o, Y^o, Z^o)由里程计内部系统定义。载体里程计的输出值通常表征该坐标系同系统惯性坐标系之间的转换关系。

2.3.3.5　视觉系统载体体坐标系

视觉系统载体体坐标系(robot body frame,$\mathcal{F}^r$)即载体系统体坐标系。同目标体坐标系类似的是,该坐标系与载体主体固连;不同点在于其原点的选取并不倾向于载体本体的几何中心或者质心。针对人们关注的无人机应用场景,同该坐标系产生关联的坐标系主要是世界坐标系和载体里程计坐标系,因此该坐标系的原点和三轴方向需以简化它们之间的转换为原则进行设定。选取载体表面某可见点作为该坐标系的原点,其各轴方向(X^r, Y^r, Z^r)同载体里程计坐标系各轴方向一致。由于载体里程计坐标系通常与载体本体固连,使其同载体系统体坐标系之间仅存在平移转换关系:

$$T_r^o = \begin{bmatrix} \boldsymbol{R}_r^o & \boldsymbol{t}_r^o \\ 0 & 1 \end{bmatrix}, \quad \boldsymbol{R}_r^o = \boldsymbol{I}_{3\times 3} \tag{2.7}$$

2.3.3.6 视觉系统摄像机坐标系

视觉系统摄像机坐标系（camera frame，$\mathcal{F}^c$）（以下简称摄像机坐标系）沿用了计算机视觉领域对摄像机坐标系的惯用定义。该坐标系的原点为摄像机光心位置，Z 轴与摄像机光轴同向，X 轴和 Y 轴分别同摄像机 CCD 阵列的横向与纵向平行。

2.3.3.7 视觉系统图像坐标系

视觉系统图像坐标系（image frame，$\mathcal{F}^p$）（以下简称图像坐标系）是二维坐标系。与其他坐标系不同的是，该坐标系以像素为单位。它的原点为图像的左上角点，X 轴和 Y 轴分别与图像的边同向。该坐标系的原点位于照相机光轴之上，与摄像机坐标系原点的距离为摄像机的焦距 f。若定义 Z 轴与光轴同向，则图像坐标系与摄像机坐标系之间的转换矩阵可表示为

$$T_p^c = \begin{bmatrix} \boldsymbol{R}_p^c & \boldsymbol{t}_p^c \\ 0 & 1 \end{bmatrix}, \quad \boldsymbol{R}_p^c = \boldsymbol{I}_{3\times 3}, \quad \boldsymbol{t}_p^c = \begin{bmatrix} 0 & 0 & f \end{bmatrix}^\mathrm{T} \tag{2.8}$$

2.3.3.8 视觉系统云台坐标系

视觉系统云台坐标系（gimbal frame，$\mathcal{F}^g$）（以下简称云台坐标系）的原点位于云台各转轴的交点处，各轴方向（X^g、Y^g、Z^g）同云台各转轴方向保持一致。该坐标系跟随云台转动，各轴的转动角度通常可由云台直接读出。该坐标系同摄像机坐标系固连，因此它们之间的转换关系保持不变，即 T_g^c 为常数矩阵。

2.3.3.9 视觉系统云台基座坐标系

视觉系统云台基座坐标系（gimbal base frame，$\mathcal{F}^{g'}$）（以下简称云台基座坐标系）用于载体里程计坐标系与云台坐标系转换的过渡，与云台上电时的云台坐标系完全重合。该坐标系同载体系统体坐标系固连，故 $T_{g'}^r$ 保持不变。另外，云台坐标系仅与云台基座坐标系存在旋转关系，假设云台从相对上电时刻依次绕 X^g、Y^g 和 Z^g 轴分别转动了 φ'、θ' 和 ψ'，转换矩阵 $T_g^{g'}$ 可表示为

$$T_{g'}^g = \begin{bmatrix} \boldsymbol{R}_{g'}^g & \boldsymbol{t}_{g'}^g \\ 0 & 1 \end{bmatrix}, \quad \boldsymbol{R}_{g'}^g = R_Z(\psi')R_Y(\theta')R_X(\varphi'), \quad \boldsymbol{t}_{g'}^g = \begin{bmatrix} 0 & 0 & 0 \end{bmatrix}^\mathrm{T} \tag{2.9}$$

根据上述坐标系定义，本书所关注的目标位姿估计问题可视为目标体坐标系 $\mathcal{F}^b$ 与世界坐标系 $\mathcal{F}^w$ 之间的欧拉角 Eu_b^w 和平移向量 t_b^w 估计过程。目标在 $\mathcal{F}^w$ 中的位姿 P_o^w 为

$$P_o^w = [Eu_b^w, t_b^w], \quad Eu_b^w = [\psi_b^w, \theta_b^w, \varphi_b^w] \tag{2.10}$$

2.4 仿真验证环境构建

针对无人机起降场景和任务场景，构建地基视觉无人机降落状态监测和机载视觉地面目标追踪仿真验证环境。在无人机自主起降过程中，无人机通常利用机载惯导系统和全球定位系统完成对自身位姿的实时感知。然而这些系统会受到诸如磁场、温度等环境因素的干扰，从而严重降低对自身位姿的感知精度，影响无人机自主降落。如图 2.5（a）所示，地基视觉无人机状态监测系统是利用地面视觉系统，在无人机降落过程中对无人机的位姿进行实时估计监测，进一步确保无人机对自身位姿的准确感知，辅助其完成自主降落。在无人机任务场景中，无人机通常利用机载视觉系统实时感知地面目标的空间位姿，从而实现稳定追踪。图 2.5（b）展示了机载视觉地面目标追踪应用场景。无人机利用机载视觉系统，对地面运动目标的位姿进行实时估计，并根据估计的位姿实现对目标的追踪。上述应用场景中皆需要利用视觉系统对目标位姿进行准确实时的估计，且目标同视觉系统都存在较高速的相对运动，整个系统动态性较高，且室外环境中光照等环境因素复杂多变，这些因素为验证算法的鲁棒性提供了有利条件。

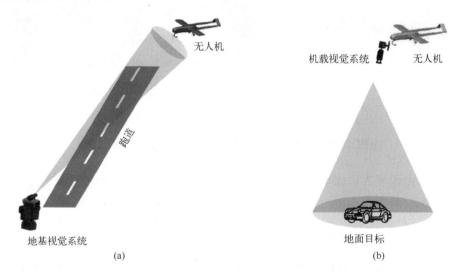

图 2.5 地基视觉无人机降落状态监测和机载视觉地面目标追踪应用场景示意图
(a) 地基视觉无人机降落状态监测；(b) 机载视觉地面目标追踪。

为了验证位姿估计算法的性能，需针对无人机的两类目标位姿估计应用场景搭建仿真验证环境。在仿真平台选型过程中除了关注平台对视觉系统的支持力度，还需考虑平台对无人机和地面目标动力学的仿真性能。Gazebo 作为一款用于模拟机器人的专用 3D 动态模拟器，能够较好地模拟无人机和地面车辆运动，其动力学模型相比实际模型有着较好的逼真度。此外，机器人操作系统 ROS 是实物系统的软件环境基础，而 Gazebo 本身能够较好地兼容 ROS，使软件系统从仿真到实物具有良好的迁移性，非常适用于算法的应用研究。综上所述，基于 Gazebo 分别构建的地基视觉无人机状态监测仿真系统和机载视觉地面目标追踪仿真系统，为后续算例的验证提供了环境支撑。

基于 Gazebo 的无人机飞行控制系统的运行机制如图 2.6 所示。地面站通过向飞行控制器发送指令实现无人机的任务模式切换。同时，飞行控制器向地面站反馈无人机状态，用于地面站对无人机状态的监测。飞行控制器根据无人机状态以及航线，实时向 Gazebo 系统发送控制指令，从而实现无人机的飞行控制。在地基视觉无人机降落状态监测场景中，无人机需按照预规划的降落航线完成降落，因此其航线由地面站直接上传并在任务模式下完成降落过程。不同的是，在机载视觉地面目标追踪场景中，无人机的航线根据目标和无人机的状态实时规划生成。

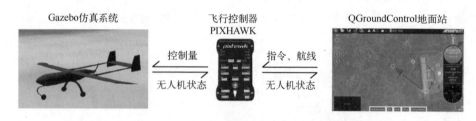

图 2.6　基于 Gazebo 的无人机飞行控制系统的运行机制

2.4.1　地基视觉无人机降落状态监测仿真环境

地基视觉无人机降落状态监测系统主要涉及无人机系统和地面视觉系统两个子系统。如图 2.7 所示，小型固定翼无人机翼展为 1.8m，巡航速度可达 30.0m/s，地面视觉系统主要由摄像机和 2 自由度云台组成。为了增强仿真系统的真实性，使仿真系统环境更加逼近实际系统环境，在其中的飞行控制环节引进了飞行控制器 PIXHAWK 物理实体，由其控制整个飞行过程，从而构建了一套半物理仿真系统。在无人机的降落过程中，云台根据无人机的真实位置实现对无人机的实时跟踪，从而确保无人机处于相机视野中。该仿真环境运行于配备 NVIDIA GeForce GTX 1070 显卡的台式计算机上。

第 2 章 学习型目标位姿估计问题建模

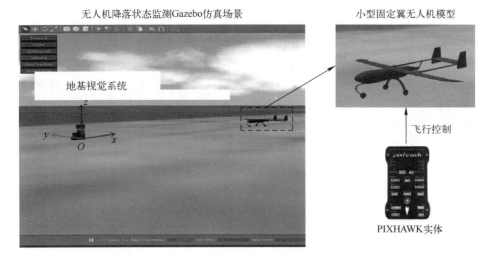

图 2.7 基于 Gazebo 的地基视觉无人机降落状态监测仿真系统

2.4.2 机载视觉地面目标追踪应用场景仿真环境

机载视觉地面目标追踪系统（以下简称机载视觉系统）主要包括地面运动目标系统和无人机系统。为了适应地面运动目标的高动态性，在实际应用中多采用巡航速度较快的固定翼无人机作为视觉系统的载体。车辆是较为常见的地面运动目标，因此在本系统中将其作为无人机追踪的地面运动目标。如图 2.8 所示。无人机在捕获到目标后，根据地面目标的真实位置，实时规划自身的飞行轨迹，并直接由飞行控制器 PIXHAWK 控制其沿规划轨迹飞行。同无人机降落状态监测仿真系统类似，机载视觉系统通过获取地面运动目标的真实位置对其实施稳定跟踪，确保地面运动目标持续处于视觉系统视野中。本系统的运行环境与无人机降落状态监测仿真系统相同。

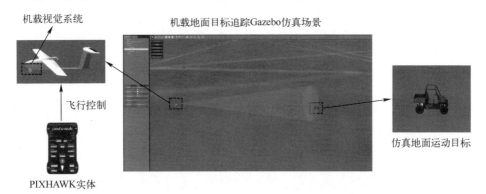

图 2.8 基于 Gazebo 的机载视觉地面目标追踪仿真系统

2.5 本章小结

针对无人机任务过程中的位姿估计问题，本章将其抽象为由序列图像估计图像目标空间位姿的过程，并揭示了基于视觉的目标位姿估计基本原理。针对目标位姿估计研究，本章提出了由理论模型构建和观测量获取两个模块构成的总体架构，并分别从广义特征和深度特征出发，剖析了分别以几何约束和神经网络为理论模型框架的目标位姿估计原理，并从原理上总结了两种框架的优点，为后续的目标位姿估计方法研究奠定了理论基础。此外，本章还设计了目标位姿估计研究的软、硬件架构，明确了相关坐标系定义，并针对两类无人机目标位姿估计应用场景构建了仿真验证系统，为算法研究的性能验证提供了环境支撑。

目标位姿估计研究总体架构是后续目标位姿估计方法研究的基础，为第3章和第4章的目标位姿估计理论模型和观测量转换模型的构建提供了原理支撑，也为相关算法研究过程中的算法改良和性能测试奠定了环境基础。

第 3 章　广义特征驱动的目标位姿估计方法

3.1　引　言

根据目标的几何约束关系构建目标位姿估计理论模型，物理内涵明确，具有较强的可解释性，是计算机视觉研究中针对目标空间位姿估计问题的常见解决方案。该方案利用目标在图像中呈现的广义特征与空间特征的几何对应关系，推导出目标在空间中的位姿。本章首先利用空间几何约束关系构建位姿估计扩展卡尔曼滤波理论模型，并从理论上验证其最优性；其次，针对理论模型所需的观测量，设计广义特征构型，并建立由原始观测量到模型所需观测量的转换模型；再次，明确基于广义特征的目标位姿估计滤波算法要素，并给出算法的详细流程；最后，基于仿真验证环境，验证提出的广义特征检测算法和目标位姿估计滤波算法的各方面性能。

3.2　目标位姿估计滤波模型

卡尔曼滤波是一种利用系统输入、输出测量数据，对系统状态进行最优估计的算法。它能够在一系列存在测量噪声的数据中，估计系统的状态，充分利用系统状态的时域依赖关系，有效地降低测量噪声对系统状态估计精度的影响，非常适合作为以空间几何约束为基础的目标位姿估计理论模型框架。下面将详细介绍目标位姿估计滤波模型的构建过程以及该模型最优性的理论证明过程。

▶ 3.2.1　位姿估计方程构建

卡尔曼滤波器主要由系统状态预测方程 f_s 和系统观测方程 h 构成。针对目标位姿估计问题，滤波器的状态 x 由目标在世界坐标系 $\mathcal{F}^w$ 中的位置 t_b^w、速度 $\dot{t}_b^w$、姿态欧拉角 Eu_b^w 以及对应的角速度 $\dot{E}u_b^w$ 构成：

$$x = [t_b^w, \dot{t}_b^w, Eu_b^w, \dot{E}u_b^w]_{12\times1}^{\mathrm{T}} \tag{3.1}$$

系统状态预测方程 f_s 根据历史时刻的状态和当前时刻的系统输入预测当前时刻的状态。假设当前为时刻 k，则当前时刻的状态预测值 $\bm{x}_{k|k-1}$ 可表示为

$$\bm{x}_{k|k-1}=f_s(\bm{x}_{k-1|k-1},u_k) \tag{3.2}$$

式中：u_k 为当前时刻的系统输入。根据目标运动的运动学和动力学原理，目标从 $k-1$ 时刻到 k 时刻的运动是由 $k-1$ 时刻的速度、角速度和该时间段内的加速度和角加速度决定的。在关注的两类无人机应用场景中，相邻两次的位姿估计时间间隔以 ms 为单位计量，即 $k-1$ 与 k 时刻的时间间隔 Δt 较小，因而可忽略目标运动的动力学部分，即目标在时间段 Δt 内做匀速运动和转动：

$$\bm{x}_{k|k-1}=F_k\bm{x}_{k-1|k-1}=\begin{bmatrix} \bm{I}_{3\times3} & \Delta \bm{t}_{k|k-1} & \bm{0}_{3\times3} & \bm{0}_{3\times3} \\ \bm{0}_{3\times3} & \bm{I}_{3\times3} & \bm{0}_{3\times3} & \bm{0}_{3\times3} \\ \bm{0}_{3\times3} & \bm{0}_{3\times3} & \bm{I}_{3\times3} & \Delta \bm{t}_{k|k-1} \\ \bm{0}_{3\times3} & \bm{0}_{3\times3} & \bm{0}_{3\times3} & \bm{I}_{3\times3} \end{bmatrix}[\bm{t}_b^w, \dot{\bm{t}}_b^w, Eu_b^w, \dot{E}u_b^w]_{k-1|k-1}^T \tag{3.3}$$

式中：$\bm{I}_{3\times3}$ 为单位矩阵；$\Delta \bm{t}_{k|k-1}$ 为对角元素为 Δt 的 3×3 对角矩阵。

在构建系统观测方程之前，需对滤波器的测量值 z 进行定义。在位姿估计滤波模型中，z 由目标的图像广义特征构成。常见广义特征主要分为点、线、面三类。这些特征往往具有较为直观的物理含义，易于理解。其中，线、面特征虽然在目标成像中更为常见，但很容易由于遮挡破坏其完整性，降低特征检测的精度。点特征往往对应图像中的物体轮廓的拐点、线条交叉点或同周围有差异的区域，相比线、面特征，其成像更为稳定。此外，根据应用场景的特点，无人机任务持续时间长且目标运动范围广，由于遮挡、视角和光照的变化，形成条件更加苛刻的线、面特征则更加容易失效。综上所述，将目标的拐点作为目标的锚点广义特征，对测量值 z 进行以下定义：

$$z=[Pi_1^a,Pi_2^a,\cdots,Pi_M^a]_{3\times M} \tag{3.4}$$

$$Pi_m^a=[u_m^a,v_m^a,1]^T \tag{3.5}$$

式中：M 为目标锚点的数量；(u_a^m,v_a^m) 为第 m 个锚点的图像位置。

系统观测方程 h 可以视为将所有锚点从目标体坐标系 $\mathcal{F}^b$ 转换至图像坐标系 $\mathcal{F}^p$ 的过程，其间涉及多次坐标系转换以及空间点的图像投影，具体定义如下：

$$z_{k|k-1}=h(\bm{x}_{k|k-1})=s\bm{K}'T_g^c T_{g'}^g T_o^{g'} T_w^o \widehat{T}_b^w \bm{P}_b^a \tag{3.6}$$

$$\bm{P}_b^a=\begin{bmatrix} X^1 & \cdots & X^M \\ Y^1 & \cdots & Y^M \\ Z^1 & \cdots & Z^M \\ 1 & \cdots & 1 \end{bmatrix} \tag{3.7}$$

式中：$\hat{T}_b^w$ 由 $x_{k|k-1}$ 包含的 $(t_b^w, Eu_b^w)_{k|k-1}$ 直接转换获得；P_b^a 为所有锚点在目标体坐标系 $\mathcal{F}^b$ 的空间位置齐次矩阵；s 为图像投影归一化因子；K' 为摄像机内参数矩阵：

$$K' = \begin{bmatrix} \dfrac{d_x}{f} & 0 & c_x & 0 \\ 0 & \dfrac{d_y}{f} & c_y & 0 \\ 0 & 0 & 1 & 0 \end{bmatrix}_{3\times 4} \quad (3.8)$$

式中：f 为摄像机的焦距；d_x、d_y 分别为每个像素的实际宽度和高度；(c_x, c_y) 为图像中心点的像素坐标。本章采用了经典的棋盘格摄像机内参标定方法[104]获取这些参数的精确值。

在完成 f_s 和 h 的定义后，接下来对状态 $x_{k|k}$ 的更新过程进行描述。由于系统的状态预测方程是线性的，误差协方差矩阵 $P_{k|k-1}$ 可直接由式（3.9）预测：

$$P_{k|k-1} = F_k P_{k-1|k-1} F_k^\mathrm{T} + Q_k \quad (3.9)$$

式中：Q_k 为状态预测噪声的协方差矩阵。随后计算卡尔曼增益 K_k：

$$S_k = H_k P_{k|k-1} H_k^\mathrm{T} + R_k \quad (3.10)$$

$$K_k = P_{k|k-1} H_k^\mathrm{T} S_k^{-1} \quad (3.11)$$

式中：R_k 为观测噪声协方差矩阵；S_k 为观测余量协方差矩阵。考虑到观测方程的非线性特性，根据扩展卡尔曼滤波器原理，测量矩阵 H_k 应为 h 关于状态 x 的雅可比矩阵：

$$H_k = \frac{\partial h(x_{k|k-1})}{\partial x_{k|k-1}} \quad (3.12)$$

最后，更新状态矩阵和误差协方差矩阵：

$$x_{k|k} = x_{k|k-1} + K_k(z_k - z_{k|k-1}) \quad (3.13)$$

$$P_{k|k} = (1 - K_k H_k) P_{k|k-1} \quad (3.14)$$

▶ 3.2.2 模型最优性分析

3.2.1 节针对目标位姿估计问题建立了模型，下面将从理论上证明在最小误差 2 范数平方和指标下，该位姿滤波模型给出的最优估计。

首先给出以下假设条件：

假设 1：状态演化过程满足马尔可夫假设，即 k 时刻的真实状态 x_k 仅与 $k-1$ 时刻的真实状态 x_{k-1} 相关，且可由 $k-1$ 时刻的状态推导 x_{k-1}。

假设 2：状态演化与测量过程由非线性函数描述。

假设 3：过程噪声 w_k 和观测噪声 v_k 皆符合独立多元高斯分布：

$$w_k \sim N(0, Q_k) \quad v_k \sim N(0, R_k) \tag{3.15}$$

定理：基于假设 1、假设 2 和假设 3，由式（3.9）~式（3.13）获得的状态估计 $x_{k|k}$ 与真实状态 x_k 满足误差 2 范式平方和最小：

$$\min_{K_k} \sum \|x_k - x_{k|k}\|_2^2 \tag{3.16}$$

证明：由假设 1、假设 2 和假设 3 可知，状态转移方程和状态测量方程可表示为

$$x_k = f_s(x_{k-1}, u_k) + w_k \tag{3.17}$$

$$z_k = h(x_k) + v_k \tag{3.18}$$

基于 $k-1$ 时刻的估计状态 $x_{k-1|k-1}$ 对 k 时刻的状态 $x_{k|k}$ 进行估计：

$$x_{k|k-1} = f_s(x_{k-1|k-1}, u_k) \tag{3.19}$$

估计值与真实值的差称为估计误差。该估计误差的协方差矩阵为后验估计误差协方差矩阵 $P_{k|k-1}$：

$$\begin{aligned}
P_{k|k-1} &= \mathrm{cov}(x_k - x_{k|k-1}) \\
&= \mathrm{cov}(f_s(x_{k-1}, u_k) + w_k - f_s(x_{k-1|k-1}, u_k)) \\
&= \mathrm{cov}(f_s(x_{k-1}, u_k) - f_s(x_{k-1|k-1}, u_k) + w_k) \\
&= \mathrm{cov}\left(\frac{f_s(x_{k-1}, u_k) - f_s(x_{k-1|k-1}, u_k)}{x_{k-1} - x_{k-1|k-1}} (x_{k-1} - x_{k-1|k-1}) \right) + \mathrm{cov}(w_k)
\end{aligned} \tag{3.20}$$

令 $F_k = \left. \dfrac{\partial f_s}{\partial x} \right|_{x_{k-1|k-1}} = \dfrac{f_s(x_{k-1}) - f_s(x_{k-1|k-1})}{x_{k-1} - x_{k-1|k-1}}$，则有

$$\begin{aligned}
P_{k|k-1} &= \mathrm{cov}(F_k(x_{k-1} - x_{k-1|k-1})) + \mathrm{cov}(w_k) \\
&= F_k \mathrm{cov}(x_{k-1} - x_{k-1|k-1}) F_k^{\mathrm{T}} + \mathrm{cov}(w_k) \\
&= F_k P_{k-1|k-1} F_k^{\mathrm{T}} + Q_k
\end{aligned} \tag{3.21}$$

基于 $k-1$ 时刻对 k 时刻状态的估计 $x_{k|k-1}$ 是否正确，需要用与实际测量值 z_k 之间的误差来衡量，并且考虑利用该误差进行补偿。因此，在更新之前，应首先计算实际测量值 z_k 与估计输出值之间的差值 y_k 及其协方差矩阵 S_k：

$$y_k = z_k - h(x_{k|k-1}) \tag{3.22}$$

$$\begin{aligned}
S_k &= \mathrm{cov}(y_k) \\
&= \mathrm{cov}(h(x_k) + v_k - h(x_{k|k-1})) \\
&= \mathrm{cov}\left(\frac{h(x_k) - h(x_{k|k-1})}{x_k - x_{k|k-1}} (x_k - x_{k|k-1}) \right) + \mathrm{cov}(v_k)
\end{aligned} \tag{3.23}$$

令 $H_k = \left. \dfrac{\partial h}{\partial x} \right|_{x_{k|k-1}} = \dfrac{h(x_k) - h(x_{k|k-1})}{x_k - x_{k|k-1}}$，则有

$$S_k = \mathrm{cov}(H_k(x_k - x_{k|k-1})) + \mathrm{cov}(v_k)$$

$$= F_k \text{cov}(x_k - x_{k|k-1}) F_k^T + \text{cov}(v_k)$$
$$= H_k P_{k|k-1} H_k^T + R_k \tag{3.24}$$

状态的更新根据式（3.25）完成：
$$x_{k|k} = x_{k|k-1} + K_k y_k \tag{3.25}$$

要使 $x_{k|k}$ 与 x_k 之间的误差 2 范式平方和最小，可等价为使其协方差矩阵 $P_{k|k}$ 的迹最小：

$$\min_{K_k} \sum \|x_k - x_{k|k}\|_2^2 \Leftrightarrow \min_{K_k} \text{tr}(\text{cov}(x_k - x_{k|k})) = \min_{K_k} \text{tr}(P_{k|k}) \tag{3.26}$$

协方差矩阵 $P_{k|k}$ 可表示为

$$\begin{aligned}
P_{k|k} &= \text{cov}(x_k - x_{k|k}) \\
&= \text{cov}((x_k - x_{k|k-1}) - K_k(h(x_k) - h(x_{k|k-1})) - K_k v_k) \\
&= \text{cov}((x_k - x_{k|k-1}) - K_k(h(x_k) - h(x_{k|k-1}))) + \text{cov}(K_k v_k) \\
&= \text{cov}\left(\left(I - K_k \frac{h(x_k) - h(x_{k|k-1})}{x_k - x_{k|k-1}}\right)(x_k - x_{k|k-1})\right) + K_k R_k K_k^T \\
&= \text{cov}((1 - K_k H_k)(x_k - x_{k|k-1})) + K_k R_k K_k^T \\
&= P_{k|k-1} - K_k H_k P_{k|k-1} - P_{k|k-1} H_k^T K_k^T + K_k(H_k P_{k|k-1} H_k^T + R_k) K_k^T
\end{aligned} \tag{3.27}$$

要使协方差矩阵 $P_{k|k}$ 的迹最小，只需对式（3.26）求一阶导数：

$$\frac{\partial \text{tr}(P_{k|k})}{\partial K_k} = \frac{\partial \text{tr}(P_{k|k})}{\partial K_k} - \frac{\partial \text{tr}(K_k H_k P_{k|k-1})}{\partial K_k} - \frac{\partial \text{tr}(P_{k|k-1} H_k^T K_k^T)}{\partial K_k} + \frac{\partial \text{tr}(K_k S_k K_k^T)}{\partial K_k}$$
$$= -2 P_{k|k-1} H_k^T + 2 K_k S_k \tag{3.28}$$

令式（3.28）等于零，可以得到 K_k：
$$K_k = P_{k|k-1} H_k^T S_k^{-1} \tag{3.29}$$

与定理结论相符，证明完毕。

3.3 观测量获取

根据目标位姿估计滤波模型，其所需的观测量包含目标锚点位置、云台姿态欧拉角、视觉系统载体位姿以及摄像机内参数。其中，摄像机内参数是固定值，由离线标定获取。而其他观测量则通过机载传感器实时获取。云台姿态欧拉角和视觉系统载体位姿可分别直接由云台和载体里程计读取，目标锚点位置则需要设计转换模型由图像转换而来。首先，针对目标锚点的构型建立准则进行分析；随后，设计锚点检测算法，实现由图像向锚点的转换。

3.3.1 目标锚点选取方案

目标锚点的选取不仅直接影响锚点检测的准确率,而且影响后续的位姿估计精度。由于不同的目标其外观特性不同,因而无法设计一种适用于所有目标的锚点选取方案。在针对具体目标选取锚点时,应着重考虑各锚点的以下属性。

(1) 特征性:锚点的特征性强弱直接影响锚点检测精度,主要针对目标轮廓中的拐点、角点或斑点进行锚点选取。

(2) 可见性:锚点始终在图像中可见,是实现其准确检测的必要条件之一。在不同的应用场景中,应根据目标的运动特点以及摄像机视角的分布特性,选取始终处于视野中的点作为目标锚点。

(3) 包络性:锚点应尽量分散于目标表面。过于集中的锚点构型会导致锚点对位姿表征能力的冗余。

除了上述属性,锚点的数量也影响算法性能,需要根据应用场景特性决定。过少的锚点会增强位姿估计算法对锚点检测误差的敏感性,而过多的锚点虽然能够提高位姿算法精度,但对锚点检测算法提出了更高的实时性和准确率需求。通常情况下,锚点的个数在4~8个较为合适。

3.3.2 目标锚点检测算法

将目标锚点检测分为目标区域提取和基于区域的锚点检测两个串行部分。相比直接针对整幅图像进行特征提取,目标区域提取模块一方面能够为后续的特征提取模块滤除大部分的背景无关区域,减少背景区域特征对目标锚点检测的干扰,降低锚点检测误差;另一方面由于特征提取过程的运算量通常较大,而提取背景部分的特征与目标锚点的准确检测无关。因此,仅针对目标区域进行特征提取能够在不丢失目标特征的前提下大幅减少运算量,提升算法的实时性。下面将分别介绍目标区域提取和基于区域的锚点检测。

3.3.2.1 目标区域提取

本书关注的无人机相关目标位姿估计应用具有目标与摄像机相对运动速度快、目标运动范围广的特性,导致目标外观因光照、观测视角的变化而发生频繁变化。此外,目标与摄像机高速相对运动容易造成目标脱离视野范围。这些现象都将对目标区域提取研究提出挑战。

为了实现准确、稳定、实时的目标区域提取,本节设计了一种结合目标检测器和跟踪器的并行框架。如图3.1所示,该并行框架主要涉及检测器、跟踪器和验证器3个模块。检测器用于低帧率检测目标在图像中的区域。该模块对整幅图像进行处理,因而较为耗时,输出帧率较低。检测结果用于初始化跟踪器,即作为跟踪器的首帧目标。完成初始化的跟踪器马上对目标进行实时跟踪。该模块利用序列图像对目标进行跟踪,在精确性和实时性方面相比检测器均具有较为明显的优势。然而,跟踪器往往不具备感知视野中目标丢失的能力,即当目标脱离摄像机视野后,跟踪器依然输出错误的跟踪结果。考虑到上述现状,设计了验证器以对跟踪结果进行验证。只有通过验证,跟踪结果才能作为最终的目标区域输出。若验证失败,则跟踪器停止目标跟踪,直到检测器再次检测到目标从而完成跟踪器的初始化,跟踪过程方可恢复。

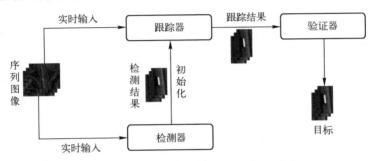

图 3.1 目标区域提取检测、跟踪并行框架

严格来说,单个检测器即可代替上述并行框架实现图像中目标区域的提取。然而在实际应用中,计算能力通常是受限的。特别是对于小型无人机或小型地面移动平台,负载能力受限,搭载的处理器计算能力较弱。因此,算法的运行效率是十分关键的指标。在上述并行框架下,目标区域提取的帧率是由跟踪器和验证器的运行效率决定的。而目标跟踪算法和区域验证算法通常具备良好的实时性能,因而保证了目标区域提取算法的高效性。除此之外,在具备稳定序列图像输入的条件下,跟踪器的跟踪精度能够保持较高水准。综上所述,该并行框架展现出了较强的实时性和较高的目标区域提取精度。接下来将针对各个模块进行详细的算法介绍。

1)检测器

针对目标检测算法运算效率相对较低的现状,设计了如图 3.2 所示的检测器。该检测器首先提取出多个目标候选区域,从而剔除部分背景区域;随后对各候选区域进行分类并获得最终检测结果。针对目标候选区域提取问题,考虑到实际应用中原始图像分辨率较高的情况,直接提取图像特征图实现候选区域提取运算量较大,而提取候选区域并不需要丰富的目标细节。因此,首先对原始高分辨率图像进行降采样操作,获得低分辨率图像,用于后续的目标候选区域提取。然而,目标细节的丰富程度严重影响目标分类的准确性,因此,根据低分辨率目标候选区域,获取对应的高分辨率原始图像区域,作为分类模块的输入。虽然高分辨率区域势必带来更多的运算量,但目标候选区域通常较小,造成的运算量增多并不明显。总的来说,该算法针对图像细节在不同环节的不同需求,运用多种分辨率图像实现目标检测,既保证了检测的准确性,也大幅减少了运算量。

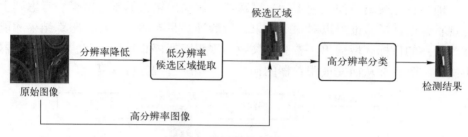

图 3.2 检测器算法模块图

候选区域提取模块旨在尽可能地删减背景区域,提取包含所有目标的区域。该模块需要对整幅图像进行处理,因此,运算量依然是该模块设计过程中关注的重点。通常情况下,目标相对背景具有明显的区分度。依据上述特性,采用了实时性较强的谱残差显著性检测算法[91],针对该算法在区域尺度适应性方面的不足,提出了显著图金字塔模型,提升了算法对不同尺度显著性区域的适应性。

检测图像中的显著性区域通常将问题转化为目标特殊性质的检测,如目标的边缘特征、颜色特征、纹理特征等。而对于不同的目标,上述特征显然是存在区别的。因此,找到一种通用的特征作为显著性检测器的依据是不现实的。基于谱残差的显著性检测器通过寻找背景的通用特性,提取背景区域,并将其剔除,从而获取显著性区域。该方法依据自然图像统计特性具备的变换不变性,即将图像从原来的空间坐标系变换至频域坐标系,图像在空间中具有的统计特性在频域中仍然保留,利用图像的频域表达式,实现背景区域的提取。其流程主要分为以下 4 个步骤:首先,分别计算图像 I 的振幅谱 $A(I)$ 和相位谱 $P(I)$;其次,对幅值取对数获得 log 谱 $L(I)$:

$$L(I) = \log(A(I)) \tag{3.30}$$

随后,构建以下均值滤波器 $h_n(I)$:

$$h_n(I) = \frac{1}{n^2} \begin{bmatrix} 1 & 1 & \cdots & 1 \\ 1 & 1 & \cdots & 1 \\ \vdots & \vdots & & \vdots \\ 1 & 1 & \cdots & 1 \end{bmatrix}_{n \times n} \tag{3.31}$$

通常 n 取值为 3,并计算谱残差 $R(I)$:

$$R(I) = L(I) - h_n(I)L(I) \tag{3.32}$$

最后，进行指数变换和傅里叶反变换，并进行一次高斯模糊滤波处理输出最终的显著性图 $S(I)$：

$$S(I) = g(\cdot)\mathcal{F}^{-1}[\exp(R(f)+P(f))]^2 \tag{3.33}$$

式中：$g(\cdot)$ 为高斯滤波器。

根据上述谱残差原理，长条形目标中间部分的振幅谱容易在计算谱残差过程中弱化，从而造成在傅里叶反变换后其显著性区域一分为二。为解决上述问题，根据输入图像 I，构建了如图 3.3 所示的分辨率依次递减的图像金字塔 $M(I)$；随后分别输入至谱残差显著性检测器中，从而获得多分辨率显著性图金字塔 $S'(I)$；最后，将各层显著性图统一至原始分辨率，并以加权的方式进行求和叠加，生成最终的显著性图 $S(I)$：

$$S(I) = \lambda_1 S_1'(I) + \lambda_2 S_2'(I) + \cdots + \lambda_m S_m'(I) \tag{3.34}$$

式中：$S_i'(I)$ 表示显著性图金字塔第 i 层统一至原始分辨率后的显著性图。系数组 $\{\lambda_i | i=1,2,\cdots,m\}$ 的数值分别表示对应尺度目标所占的比重。

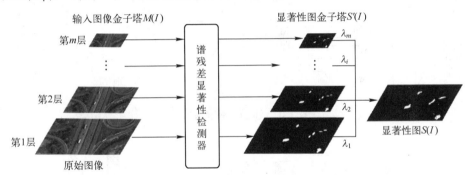

图 3.3 适应多尺度目标的显著性图金字塔原理图

在获得显著性区域后，需对它们进行分类。传统的分类方法大多通过检测人工预定义的特征完成。常见的人工预定义特征包括边缘、颜色、角点、平面等。其中，较为经典的方法如利用经典的 SIFT[101]、SURF[102] 或 ORB[103] 角点特征结合支持向量机实现的目标分类。然而，这类方法对环境光照、观测视角的变化较为敏感，鲁棒性较差。近年来兴起的基于卷积神经网络的目标分类算法，在精确性和鲁棒性方面相比传统方法皆展现出了非常明显的优势。当前，较为经典的目标分类神经网络，如 VGG Net[93]、GoogLeNet[94]、ResNet[95] 皆通过构造深层次的网络实现对目标的精确分类。这些网络的运行需要进行大量的运算，因此通常需要图形处理器（GPU）的支持。显然，上述网络无法直接在计算资源匮乏的平台上实现实时运行。综上所述，以卷积神经网络为基础，构建浅层目标分类网络，在计算资源有限的平台上实现对目标的实时、精确分类。

AlexNet[96]分类网络的规模相对较小，主体结构如图 3.4 所示。网络主要由 5 层卷积层和 3 层全连接层构成。该网络输入图像的尺寸为 224×224×3，各层卷积核的通道数分别为 96 个、256 个、384 个、384 个、256 个。以 AlexNet 为基础，对卷积层数、全连接层数、卷积核尺寸以及卷积核通道数分别进行删减，通过在各类微型机载处理器的实时性测试，分类网络的最终结构如图 3.5 所示。其主体由 3 层卷积层和 2 层全连接层构成，其间穿插最大池化层。输出向量的维度为 2，分别为背景和目标。其中的卷积操作和池化操作的步长皆为 2，并且在卷积前不对输入进行填充处理。该网络仅利用 3 层卷积层实现了对单个类别目标的分类，运算量较小。经过测试，即使没有 GPU 的支持，仅利用 CPU 资源也能快速对目标进行分类。

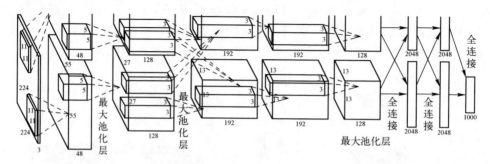

图 3.4　AlexNet 网络结构图

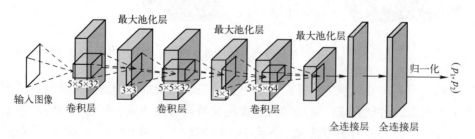

图 3.5　轻量级目标分类网络结构图

2) 跟踪器

基于相关滤波器的目标跟踪作为目标跟踪方法的主流之一，近年来取得了显著的成果。除了跟踪精度高，计算效率高也是它的主要优势之一。MOSSE[92]是首次将相关滤波理论应用于目标跟踪的成果。其利用快速傅里叶变换使跟踪输出帧率达到了 600~700 帧/s，远远超出了当时的其他算法，但在准确性方面表现平平。继 MOSSE 算法之后，核相关滤波跟踪算法（kernelized correlation filters，KCF)[97]于 2014 年提出。该方法同样基于相关滤波理论，在跟踪精度和跟踪速度方面均取得了较好的性能,因而吸引了大批学者的关注与研究。总的来说,KCF 是一种鉴别式跟踪方法。该类方法的核心思想是在跟踪过程中训练一个目标检测器,并使用该目标检测器对预测区域进行检测。检测结果用于生成新的训练样本更新训练集,从而达到重复更新检测器的目的。具体而言,假设训练集为 $\{(x_i, y_i)\}$,构建以下函数:

$$f(z) = \boldsymbol{w}^\mathrm{T} z \tag{3.35}$$

训练检测器的目的即寻找权重系数组 $\boldsymbol{w}$,使得下述误差函数值最小:

$$\sum_i (f(x_i) - y_i)^2 + \gamma \|\boldsymbol{w}\|^2 \tag{3.36}$$

具体求解过程较为繁杂[97],在此不再赘述。

总体来说,KCF 继承了相关滤波运算效率高的优点,同时也实现了较精确的跟踪效果。针对应用场景对算法的实时性要求,采用 KCF 作为跟踪器的核心算法。

3)验证器

考虑到跟踪算法无法判断目标出视野的情况,通过设计验证器,实现对跟踪结果正确性的判定。如图 3.6 所示,验证过程由高频验证和低频验证两条并行分支完成。每帧跟踪结果皆需要进行高频验证,而低频验证则每间隔 10 帧进行一次。考虑到验证器的运行效率,高频验证采用计算量小的直方图对比方法。假设当前为 i 时刻,跟踪结果为 Tr_b^i,首先,分别计算关键帧和跟踪结果 Tr_b^i 的直方图;随后,估计上述直方图之间的欧式距离,并通过其与阈值 η 的比较来判定 Tr_b^i 的正确性。考虑到目标离图像边界越近,脱离视野概率越大的状况,设置动态阈值 η:

$$\eta = \eta_\mathrm{max} - \frac{\min(Tr_b^i, \mathrm{bound}(I_i))}{c_x} \cdot (\eta_\mathrm{max} - \eta_\mathrm{min}) \tag{3.37}$$

式中:$\mathrm{bound}(I_i)$ 为 i 时刻图像 I_i 的边界;$\min(Tr_b^i, \mathrm{bound}(I_i))$ 为 Tr_b^i 中心与图像 I_i 边界的最小图像距离;η_max、η_min 分别为 η 的下界和上界;(c_x, c_y) 为图像 I_i 的中心坐标(假定 $c_x > c_y$)。由式(3.37)可知,η 的取值范围为 $\eta_\mathrm{min} \sim \eta_\mathrm{max}$;且 Tr_b^i 越靠近图像边界,η 越大,高频验证的条件越严格。低频验证利用分类器直接进行分类操作。该分类器采用检测器中的轻量级分类网络。若对应类别的概率高于阈值,则认为低频验证通过,并将 Tr_b^i 更新为新的关键帧,用于后续的直方图对比。此时,两组分支皆通过正确性验证,方可认为 Tr_b^i 正确。后续 9 帧跟踪结果则只需进行高频验证。$i+10$ 时刻的验证方案与 i 时刻相同,以此类推。在实际应用中,当目标在视野中丢失时,此时的跟踪结果将不会通过验证,验证器将立即反馈给目标跟踪器,跟踪器则停止跟踪。

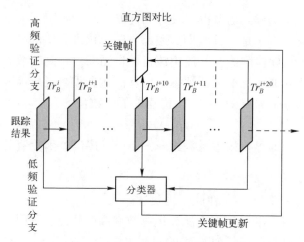

图 3.6　跟踪结果验证算法示意图

该验证器综合考虑了有效性和时效性，通过设计两条异频验证分支，实现了对跟踪结果的快速准确验证。其中，高频分支需要对每帧跟踪结果进行处理，因此采用了实时性强的直方图对比方法；而低频分支更加侧重验证的准确性，因此采用相对耗时而鲁棒性更强的神经网络对跟踪结果进行分类判定并更新关键帧。

3.3.2.2　基于区域的锚点检测

在获得目标区域后，下一步将在目标区域内进行锚点检测。传统的特征点包括斑点[98-99]和角点[100-103]，是人工定义的特征。在实际应用中，需要人工重复调试其中的参数以适应光照等环境因素，人力成本往往较高。基于深度学习的特征点检测方法近年来在计算机视觉领域中展现了较为显著的优越性。该类方法并不需要人工设计特征，而是利用深层神经网络在大量数据中自主学习特征表示方式。在目标分类、目标检测、语义分割等模式识别领域的研究成果表明，基于深度学习的方法在精确性和鲁棒性方面的优势较为明显。基于上述现状，设计以卷积神经网络为核心的锚点检测网络，实现基于区域的锚点精确检测。

目标区域的分辨率直接决定了目标外观细节的可辨识度。直接对高分辨率的目标区域采用深层网络进行锚点检测势必需要较大的运算量。针对上述问题，设计了一种如图 3.7 所示的基于区域分块的多分辨率锚点检测算法流程。首先，目标区域根据锚点检测的历史结果，即锚点在历史帧的分布状况，对目标区域进行分块处理。分块操作通常将目标区域分为左、右两个子块。随后，针对左、右子块以及完整的目标区域，分别采用同一锚点检测网络检测锚点。由于锚点检测网络的输入尺寸固定，且小于目标区域尺寸，因此，子块在输入网络时，目标的分辨率相比完整的目标区域更高，能够呈现更加丰富的细节。

针对子块和完整区域的锚点检测网络主体结构完全相同。利用网络输出的 3 组锚点位置求取各个锚点的位置均值，作为最终检测结果。最后，为了进一步降低锚点检测误差，充分利用序列图像的优势，根据历史帧的锚点检测结果，校正当前帧网络估计的锚点位置。在实际应用中，目标以及摄像机的运动在时域中的连续性是校正方法的基本依据。假设当前为 i 时刻，锚点位置（锚点个数为 M）的最终估计结果为

$$\{(u_i^m, v_i^m) \mid m = 1, 2, \cdots, M\} \tag{3.38}$$

取历史 p 帧的锚点位置估计结果，拟合出各锚点在图像中的变化曲线，从而获得 i 时刻锚点位置的预测值 $\{(\hat{u}_i^m, \hat{v}_i^m) \mid m = 1, 2, \cdots, M\}$，结合锚点检测网络的估计结果 $\{(\tilde{u}_i^m, \tilde{v}_i^m) \mid m = 1, 2, \cdots, M\}$，以加权平均的方式获得当前帧锚点的最终位置：

$$(u_i^m, v_i^m) = \beta(\tilde{u}_i^m, \tilde{v}_i^m) + (1-\beta)(\hat{u}_i^m, \hat{v}_i^m), \quad \beta \in [0, 1] \tag{3.39}$$

式中：β 为权重因子，一般情况下取值为 0.7。

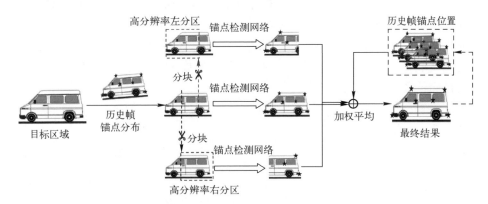

图 3.7　基于区域分块的多分辨率锚点检测算法流程

锚点检测神经网络结构如图 3.8 所示。该网络同目标区域分类网络在设计准则上具有共同点：需要尽可能地减少网络的运算量，保证算法在各类机载处理器的实时运行。通过大量的算法性能测试，由 5 层卷积层和 1 层全连接层构

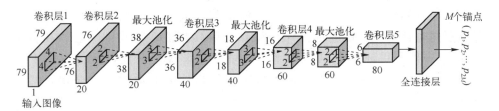

图 3.8　锚点检测神经网络结构

成了网络的主体结构。为了更多地保留边缘、角点特征，池化层采用最大池化方案。网络输入图像尺寸为固定的79×79。同分类网络不同，全连接层的输出并不需要进行归一化处理而直接作为锚点的图像坐标。假设锚点个数为 M，则网络输出向量的维度为 $2M$。

3.4 目标位姿估计滤波算法

3.4.1 算法要素

根据目标位姿估计理论模型和转换模型，目标位姿估计滤波算法由目标区域提取、目标广义特征检测和目标位姿解算3个要素构成。各要素以串行方式紧密相连，但各自较为独立，模块化程度较高，在算法实现方面具有一定的优势。各模块之间的连接关系以及数据流向如图3.9所示。首先，目标区域提取模块直接提取出序列图像 $\{I_j | j=i, i-1, \cdots\}$ 中的目标区域，为后续的目标广义特征检测排除了大部分背景干扰；随后，在目标区域中对目标的广义特征进行检测，获取目标广义特征；最后，结合系统参数 SP 以及目标3D模型先验，完成目标位姿 Po^w 的滤波解算。

图3.9　基于广义特征的目标位姿估计滤波算法要素示意图

3.4.2 算法流程

目标位姿估计滤波算法的总流程如表3.1所列。在所需的输入量中，除了锚点空间位置 P_b^a 和系统参数 SP 是固定值外，其他输入皆为时变量。首先，在订阅到图像 I 后进行目标检测。与此同时，若跟踪器处于激活状态，便同时针对图像 I 进行目标跟踪以及后续验证。若验证通过，在目标区域 Tr_b 中检测目标锚点位置，计算帧间时间差 Δt，并连同载体位姿 Po^r、云台姿态欧拉角 Eu^g 以及固定输入量带入目标位姿滤波模型，获得目标位姿 Po^w。

表 3.1　目标位姿估计滤波算法流程

算法　基于广义特征的目标位姿估计算法

输入：
　　图像：I
　　云台姿态欧拉角：Eu^g
　　载体位姿：Po^r
　　当前时刻：t_k
　　历史帧时刻：t_{k-1}
　　历史状态：$x_{k-1\|k-1}$
　　锚点空间位置：P_b^a
　　系统参数：SP
输出：目标位姿 Po^w
步骤：
　　While　完成图像 I 订阅 **do**
　　　　检测器在图像 I 中检测目标，获得目标区域 De_b；
　　　　If　跟踪器激活
　　　　　　跟踪器在图像 I 中跟踪目标，获得目标区域 Tr_b；
　　　　　　目标跟踪；对 Tr_b 进行验证；
　　　　　　If　验证通过
　　　　　　　　在 Tr_b 中检测目标锚点位置 Pi^a；
　　　　　　　　读取当前时刻 t，并根据历史帧时刻 t_{k-1} 计算帧间时间差 Δt；
　　　　　　　　读取云台姿态欧拉角 Eu^g 和载体位姿 Po^r；
　　　　　　　　将 Δt 和 $x_{k-1\|k-1}$ 代入式（3.3），获得预测状态 $x_{k\|k-1}$；
　　　　　　　　将 Eu^g、Eu^g、Po^r、Pi^a、P_b^a 和 SP 代入式（3.13），获得更新后的状态 $x_{k\|k}$；
　　　　　　　　将 $x_{k\|k}$ 转换为 Po^w；
　　　　　　End
　　　　Else
　　　　　　If De_b 非空
　　　　　　　　跟踪器初始化
　　　　　　End
　　　　End
　　End

3.5　仿真算例验证

针对起降场景的无人机位姿估计应用，综合考虑无人机实际降落过程中侧风对降落轨迹的影响，设计了无风成功降落、侧风成功降落以及侧风复飞 3 组仿真试验。与此同时，针对任务场景的地面目标位姿估计应用，根据实际应用中目标运动状态的不同，设计了目标折线运动以及目标随机运动两组仿真验证试验。面向地基视觉无人机降落状态监测和机载视觉地面目标追踪两个应用场景，分别开展目标广义特征检测算法和位姿滤波算法的实时性和精确性仿真验证分析。

3.5.1 地基视觉场景算法性能分析

3.5.1.1 场景参数设置

如图 3.10 所示，无人机在整个降落过程中，与地基摄像机的相对姿态变化较小。因此，无人机各部分特征在图像中的成像较为稳定。根据 3.3.1 节提出的目标锚点选取准则，选取了无人机的左机翼端、右机翼端、起落架前滑轮、左尾翼端和右尾翼端 5 个特征点作为锚点，理由如下。

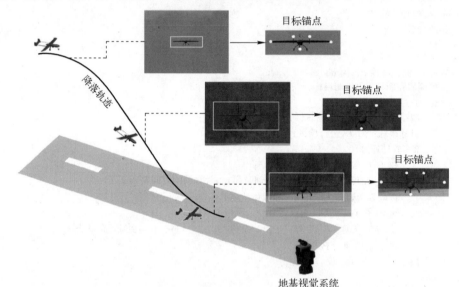

图 3.10 无人机降落过程中的地基视觉成像示例以及锚点选取

（1）上述特征点为无人机轮廓中的角点或拐点，视觉特征较为显著。

（2）上述特征点在无人机降落过程中的成像较为稳定，几乎不存在被遮挡的现象，为降落过程中锚点的稳定精确检测奠定了基础。

（3）上述特征点在无人机 3D 模型中分布的分散度较高，对锚点检测误差具有较强的容忍度。

各锚点的标识以及其在目标体坐标系 $\mathcal{F}^b$ 中的位置如表 3.2 所列。

表 3.2 地基视觉应用中各锚点在目标坐标系中的位置

锚 点	标 识	坐标/m
左机翼端	LW	(−0.350, −1.440, 0.027)
右机翼端	RW	(−0.350, 1.440, 0.027)
起落架前滑轮	FT	(0.709, 0.000, −0.330)
左尾翼端	LT	(−1.211, −0.379, 0.3315)
右尾翼端	RT	(−1.211, 0.379, 0.3315)

在完成锚点构型选取后，对基于区域分块的多分辨率锚点检测框架的分块参数进行设计。针对本应用场景中目标的成像特性，无人机各锚点在图像中分布的相对位置较为稳定。图 3.11 列举了数据集中不同降落阶段的无人机图像区域以及锚点分布状况。根据数据集中的锚点分布，将无人机目标区域分为占比皆为 75% 的左分区和右分区。左分区部分针对左机翼端、左尾翼端和起落架前滑轮 3 个锚点进行检测；右分区则针对右机翼端、右尾翼端和起落架前滑轮 3 个锚点进行检测。根据左、右分区的检测结果和全区域的检测结果，以加权平均的方式获得最终 5 个锚点的图像位置。左、右分区高分辨率锚点检测网络分别针对无人机目标的 3 个锚点进行检测，因此网络最后一层全连接层输出维度为 6 的向量，表征 3 个锚点的图像位置。目标完整区域的锚点检测网络则输出维度为 10 的向量，表征 5 个锚点的图像位置。为了提高网络训练效率，其训练过程由搭载两块 Tesla K40 显卡的台式计算机完成。3 组网络的训练参数基本相同，具体参见表 3.3。

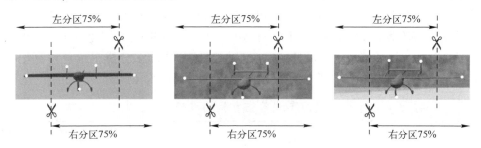

图 3.11　无人机目标区域分块方案

表 3.3　锚点检测神经网络训练参数

参　　数	设 定 值
批样本数	16
正负样本比	3∶1
最大迭代次数	50000
初始学习率	0.1
学习率衰减	0.1/10000
权值衰减	0.0001

3.5.1.2　目标广义特征检测性能分析

在完成锚点构型以及分块参数设计后，针对提出的基于区域分块的多分辨率锚点检测框架开展性能分析验证。为了验证上述框架对锚点检测准确性的提升作用，用于对比的算法采用了传统的锚点检测框架，即采用主干网络对目标锚点进行检测。为了便于对比分析讨论，分别以 AP 和 AD 作为基于区域分块的多分辨率锚点检测框架和传统锚点检测框架的标识。

表 3.4 展示了 3 组地基视觉仿真试验锚点检测准确率及平均输出帧率结果。对于各帧的锚点检测结果，若满足以下条件，则认为该帧的检测结果正确：

$$\begin{cases} \dfrac{|u^a - u_t^a|}{U} < k\% \\ \dfrac{|v^a - v_t^a|}{V} < k\% \end{cases} \tag{3.40}$$

式中：(u^a, v^a) 为算法检测的锚点位置；(u_t^a, v_t^a) 为该锚点的真实图像位置；U、V 分别为矩形目标区域的像素边长。通常情况下，k 取值为 10。上述准确判别条件可总结为：锚点位置误差在各方向不能超过目标区域的 10%。一组试验中，锚点的检测准确率定义为正确检测的锚点数同总锚点数的比值。由于 AP 算法采用 3 路锚点检测网络检测目标锚点，相比仅采用 1 路网络的 AD 算法在输出帧率方面存在不足，但仍超过了 30 帧/s。各锚点在 3 组试验中平均检测准确率均达到 94.5% 以上，且 AP 算法的检测准确率相比 AD 算法提高了约 3%。由此可见，本章设计的基于目标区域分块的多分辨率锚点检测架构相比传统的单网络检测架构在锚点检测精确性方面取得了提升。

表 3.4 地基视觉仿真试验锚点检测准确率及平均输出帧率

锚 点	LW		LT		FT		RT		RW		帧率/(帧/s)	
—	AP	AD	AP	AD	AP	AD	AP	AD	AP	AD	AP	AD
试验一/%	100	98.0	99.1	94.3	100	97.7	99.5	95.1	98.9	94.8	38.4	58.9
试验二/%	99.5	97.0	99.9	95.1	98.9	97.1	100	93.6	97.9	95.1	37.7	63.0
试验三/%	100	98.5	98.4	95.1	99.1	96.2	99.6	97.2	99.8	96.3	36.9	61.5
均值/%	99.8	97.8	99.2	94.8	99.3	97.0	99.7	95.3	98.9	95.4	37.7	61.1

3.5.1.3 目标位姿滤波估计性能分析

目标位姿解算仿真试验旨在验证目标位姿估计滤波方法相比传统的 PnP 解算方法对实时性和精确性的提升效果。为了满足卡尔曼滤波对状态量和观测量的误差分布要求，将锚点位置的真实值与符合高斯分布的误差值叠加作为锚点位置观测量输入。为了便于分析讨论，分别将滤波解算方法和与之对比的 PnP 方法标记为 FP 和 NP。

FP 和 NP 算法的位姿输出帧率统计结果如表 3.5 所列。FP 算法在完成锚点检测后进行了滤波操作。该后续操作运算量较小，每帧仅消耗约 10ms，从而导致其位姿输出帧率同锚点输出帧率差别大不。NP 算法需根据目标的 5 个锚点，通过求解 PnP 问题推导目标位姿。目前，较为主流的 PnP 问题求解方法包括 Gao 等提出的 4 点解算方法[116]、基于 Levenberg-Marquardt 优化算法[114]的迭代求解方法以及 F. Moreno-Noguer 等提出的 EPnP 方法[117]。其中，4 点解算方法虽然运算效率高，但仅在点对个数为 4 的情况下有效；迭代求解方法通过多次迭代求解出重投影误差最小的解，该解很可能并非正解，且迭代过程较为耗时，算法效率较低；EPnP 方法仅要求点对个数大于 3，算法运行效率略低于 4 点解算方法。综合考虑算法运行效率和锚点数量，选取 EPnP 作为 PnP 问题的求解方法。根据 3 组试验结果，EPnP 方法的求解过程约耗时 200ms，故 NP 算法的位姿输出帧率约为 4.0 帧/s。在地基视觉应用中，视觉系统估计的目标位姿用于辅助无人机完成降落控制。无人机降落控制频率大约为 15Hz，而无人机的位姿作为无人机飞行控制算法的输入之一，其更新频率需稳定大于 15Hz 方可满足系统需求。由此可知，FP 算法满足应用的实时性需求。

表 3.5　地基视觉广义特征驱动的无人机目标位姿估计仿真试验输出帧率

（帧/s）

方　法	FP	NP
试验一	28.8	3.6
试验二	27.5	4.2
试验三	29.0	4.3
均值	28.4	4.0

图 3.12 展示了 3 组试验的位姿估计结果。根据无人机在降落过程中的状态，可将整个降落过程划分为进场下滑、拉飘、滑行和复飞 4 个阶段。针对各个阶段分别统计了由 FP 和 NP 算法估计的无人机位姿在世界坐标系 $\mathcal{F}^w$ 各坐标轴方向上的误差曲线。根据误差曲线，NP 算法较为明显的定位误差主要集中于进场下滑阶段。这是由于该阶段无人机距离摄像机较远，目标成像较小。根据 PnP 问题求解原理，此时 PnP 问题解算结果对锚点检测误差更为敏感。如图 3.13 所示，进一步统计了定位结果在各轴方向的均方根误差（root mean square error，RMSE）以及各欧拉角估计值的 RMSE。通过精确对比，NP 算法的位置估计和姿态估计结果皆呈现出较为明显的误差。FP 算法在精确性方面取得了一定程度的提升。其中，两种算法的定位结果在 X 轴和 Y 轴相比 Z 轴表现出了更加明显的误差。这是由于世界坐标系 $\mathcal{F}^w$ 的 Y 轴同摄像机的光轴即纵深方向重合度较高，而基于单目的目标定位本身在目标深度估计精确性方面存在较为明显的不足。根据两种算法的原理，NP 算法对锚点检测误差较为敏感，而 FP 算法利用序列图像中目标运动的时域依赖关系，通过位姿估计滤波模型，降低了对观测量误差的敏感性。除此之外，FP 算法输出的目标轨迹较

为平滑，几乎不存在误差较大的异常值，这对于无人机的成功降落同样是至关重要的因素。综上所述，3 组试验结果同预期相符。

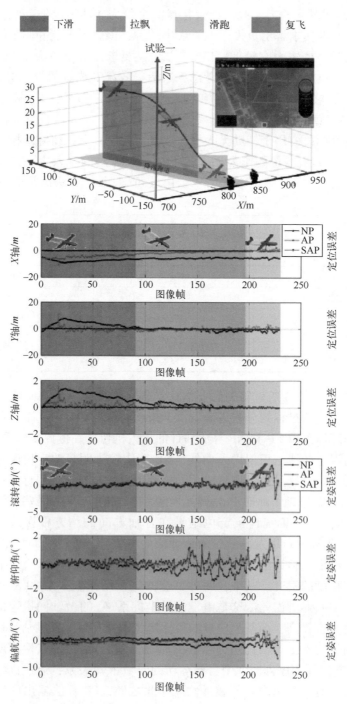

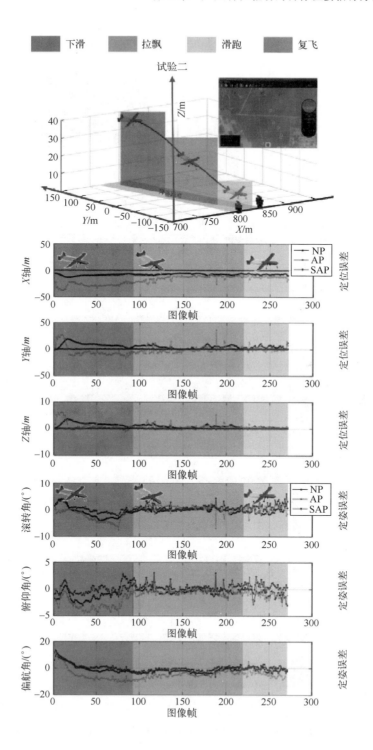

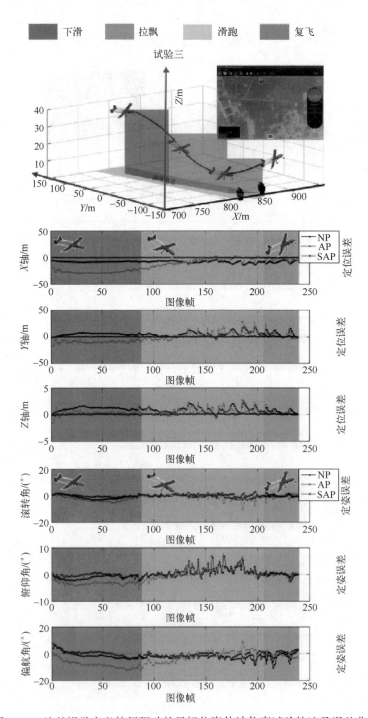

图 3.12 地基视觉广义特征驱动的目标位姿估计仿真试验轨迹及误差曲线

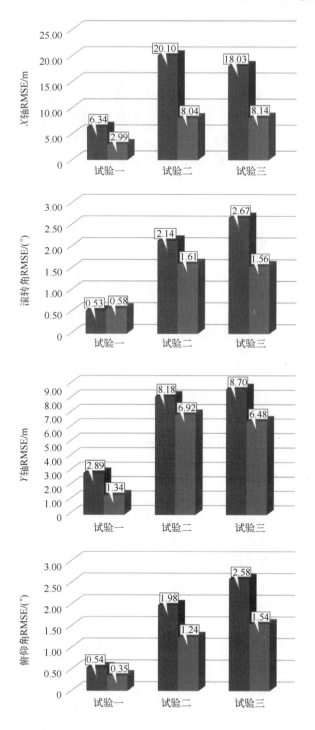

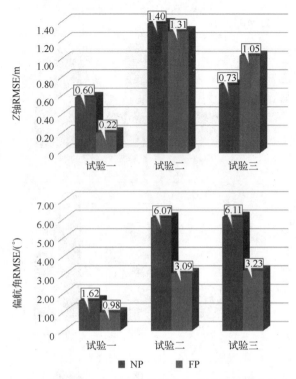

图 3.13 广义特征驱动的无人机目标位姿估计仿真试验均方根误差

3.5.2 机载视觉场景算法性能分析

3.5.2.1 场景参数设置

如图 3.14 所示,在对地面目标进行追踪的过程中,固定翼无人机通常以盘旋的方式追踪目标。在实际的无人机对地目标追踪应用中,无人机的飞行高度通常不会低于 80m,因而目标的成像所占像素较少,损失了较多的特征细节,增加了目标识别以及位姿估计的难度。无人机在盘旋过程中,机载摄像机拍摄地面目标的视角发生周期性变化,从而导致目标的部分区域存在自遮挡现象。因此,在选取目标锚点时,考虑到目标侧面区域存在自遮挡的情况,锚点选取应在目标顶部区域范围内进行。综合考虑目标的成像特性,结合 3.3.1 节提出的锚点选取准则,选取了车头左、右拐点以及车顶尾部两个拐点共 4 个特征点作为目标锚点,理由如下:

(1) 上述锚点作为车辆轮廓中的拐点,视觉特征较为显著。

(2) 根据多次试验结果,上述锚点在整个试验过程中几乎不存在自遮挡现象。

(3) 上述锚点在车辆模型中分布较为分散均匀,能够较好地表征目标的空间位姿信息。

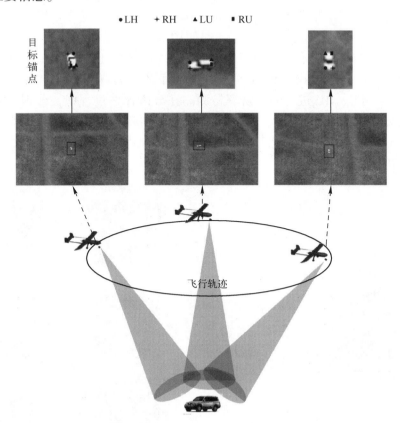

图 3.14 机载视觉地面目标成像示例以及目标锚点选取

上述锚点在目标体坐标系 $\mathcal{F}^b$ 中的位置以及对应标识如表 3.6 所列。

表 3.6 机载视觉应用中各锚点在目标坐标系中的位置

锚 点	标 识	坐标/m
车头左拐点	LH	(2.035, −1.221, −0.514)
车头右拐点	RH	(2.035, 1.221, −0.514)
车顶尾部左拐点	LU	(1.821, −1.009, 0.000)
车顶尾部右拐点	RU	(1.821, 1.009, 0.000)

地基视觉场景中目标全程姿态变化较小；相反，机载视觉应用中目标在视野中的姿态呈现周期性变化的特点，从而导致目标锚点在目标区域内的相对分布关系不断变化。根据基于区域分块的多分辨率目标锚点检测框架，直接建立高分辨率左、右分区，不能保证各分区始终包含特定的锚点，无法在分区中完

成特定锚点的检测。针对本应用场景中锚点分布不固定的特点，设计了动态分区机制。其主要原理是根据历史帧的锚点检测结果，动态设置包含特定锚点的高分辨率分区。其动态构造原理如图 3.15 所示。假设当前为 i 时刻，首先，按照 75% 的比例将 $i-1$ 时刻的目标区域分为上、下、左、右 4 个分区。随后，根据各锚点位置对各分区进行评估，选取其中两个分区分别对 LH、RH 和 LU、RU 进行高分辨率检测。在分区评估过程中，分别计算各锚点与各分区的最小图像距离。选取 LH 和 RH 同各分区最小图像距离的最大值，其对应的分区用于当前帧 LH 和 RH 的高分辨检测。同样的流程适用于 LU 和 RU 分区选择。

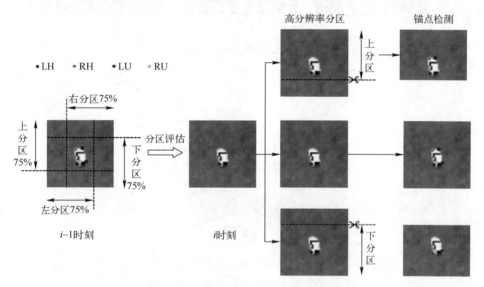

图 3.15　锚点检测高分辨率分区动态构造原理

锚点检测网络的输出维度根据锚点个数做出了相应调整。分区网络的输出维度调整为 4，用于表征两个锚点的图像位置。主干网络的 8 维输出向量则表征 4 个锚点的图像位置。锚点检测网络的训练平台与地基视觉应用中的网络训练平台相同。

3.5.2.2　目标广义特征检测性能分析

两组仿真试验的统计结果如表 3.7 所列。由于 AP 算法相比 AD 算法需要额外完成两路高分辨率锚点检测，因而位姿输出帧率相对较低。考虑到机载处理器同地面仿真平台的计算性能差异，这里得出的输出帧率参考价值较低，仅用于两种算法的比较。各帧锚点的检测正误判断条件遵循式（3.40）。根据锚点检测准确率统计结果，AP 算法凭借其多分区高分辨率锚点检测框架，相比 AD 算法在锚点检测准确率上有所提升。

表 3.7　机载视觉地面目追踪仿真试验锚点检测准确率及输出帧率

锚点	LH		RH		LU		RU		帧率/(帧/s)	
—	AP	AD	AP	AD	AP	AD	AP	AD	AP	AD
试验一/%	98.3	92.5	97.8	94.6	99.2	91.0	98.4	94.3	39.6	61.0
试验二/%	99.0	87.3	96.4	90.6	97.9	91.6	98.2	93.0	40.1	64.2
均值/%	98.7	89.9	97.1	92.6	98.6	91.3	98.3	93.7	39.9	62.6

3.5.2.3　目标位姿滤波估计性能分析

由于机载视觉应用场景中仅估计目标的偏航角,因此在目标位姿估计滤波模型中,状态向量 x 应去除同滚转角和俯仰角相关的状态分量:

$$x = [x, y, z, ve_x, ve_y, ve_y, \varphi, w_\varphi]^T \tag{3.41}$$

相应地,与其相关的参数矩阵应完成对应维度分量的删除。

考虑到机载运算平台同仿真平台的运算能力差距较大,在仿真平台上测试算法实时性的参考意义不大,因此这里不对算法的实时性能进行验证分析。

对两组仿真试验的位姿估计结果在各维度的均方根误差进行统计,结果如图 3.16 所示。NP 算法在位置和姿态估计皆呈现出较大的误差。其主要原因在于整个过程地面目标始终同摄像机保持较远的距离,根据 PnP 问题解算特性,目标离摄像机距离越远,其对锚点检测误差越敏感,即相同像素的锚点检测误差会随着目标与摄像机的距离增大而导致 PnP 求解误差的增大。考虑到单目对目标深度估计精度低的缺陷,目标的定位误差主要集中于摄像机光轴方向。由于无人机的飞行高度和盘旋半径相同,整个过程机载摄像机光轴同世界坐标系 $\mathcal{F}^w$ 的 Z 轴始终保持约 $45°$ 的夹角。因此,目标的深度估计误差将均匀地分布在世界坐标系 $\mathcal{F}^w$ 各轴方向。根据试验误差统计结果,目标的定位误差在各轴方向分布较为平均,与理论分析结论完全相符。在机载视觉应用中,估计目标的偏航角可用于目标轨迹的预测或目标意图判别,其精确性对无人机稳定追踪目标基本不造成影响。总体来说,在室外大尺度环境中,无人机系统同目标系统之间相对运动较快,系统动态性能较强,不超过 $6.5°$ 的目标偏航角估计均方根误差处于可接受范围内。

3.5.3　两类场景的算法性能对比分析

3.5.3.1　目标广义特征检测性能对比

由于目标广义特征检测算法在两个仿真验证场景的运行平台相同,因而算法运行效率相当,在此不作对比。下面将着重针对两个场景中的检测准确率以及采用多分辨率锚点检测框架带来的准确率提升效果进行对比分析。

首先,地基视觉场景和机载视觉场景中锚点检测的平均准确率分别达到了 99.4% 和 98.2%。相比之下,地基视觉场景的准确率略高于机载视觉场景,这是

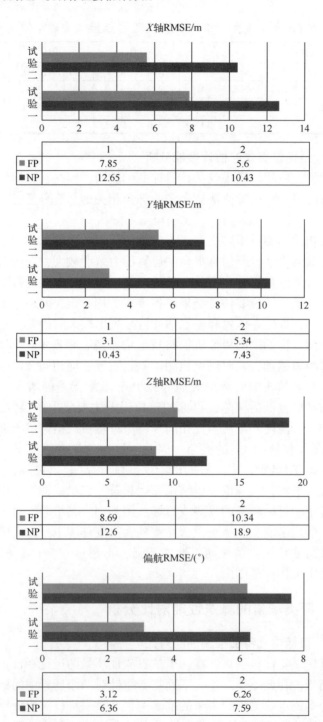

图 3.16 机载视觉广义特征驱动的目标位姿估计仿真试验 FP、NP 均方根误差

由目标的成像特性导致的。无人机目标在图像中的占比相比地面车辆更高,且无人机目标锚点相对地面车辆锚点特征性更强,更有利于锚点的准确检测。其次,在地基视觉场景中,多分辨率锚点检测框架提升了3%的检测准确率,而在机载视觉场景中实现了7%的准确率提升,提升效果更加显著。这是由于机载视觉场景中地面目标成像所占像素相对较少,对目标区域输入网络前的降采样过程更加敏感。而高分辨率分区能够更好地保留目标视觉特征细节,提升检测准确率。

3.5.3.2 目标位姿滤波估计性能对比

根据两个场景的验证结果,目标的空间位置估计均方根误差分别为8.91m和11.40m;偏航角估计均方根误差分别为2.61°和4.69°。根据均方根误差指标,位姿估计算法在地基场景的精度更高。在仿真验证环境中,两类场景的算法处理器、传感器等硬件设施的各方面性能相当,产生该现象的主要原因是地基场景的锚点观测量检测精度差异。与传统的PnP位姿估计方法相比,精度分别提升了39.41%和37.05%,提升效果相当。根据图3.13和图3.16,目标位置估计均方根误差在地基场景中主要集中于X轴,而机载场景中的位置估计均方根误差在各轴分布较为均匀。这是由于单目在深度方向的估计不确定性高,在地基场景中主要集中于世界坐标系的X轴,而在机载场景中均匀分布在世界坐标系各个不同的坐标轴。

3.6 本章小结

本章首先根据目标空间几何约束关系,构建了目标位姿估计滤波模型,并从理论上证明了该模型的最优性。其次,针对模型所需的观测量,揭示了目标锚点广义特征选取准则,为应用过程中目标锚点构型的设计提供了依据。再次,提出了基于区域分块的多分辨率锚点检测框架,并在深度学习理论的驱动下,设计了基于上述框架的锚点检测算法。仿真验证结果表明,基于区域分块的多分辨率锚点检测算法的锚点检测准确率在地基视觉和机载视觉场景中分别达到了99.4%和98.1%,相比传统的单通道锚点检测框架,分别实现了约3%和7%的准确率提升。最后,明确了目标位姿估计滤波算法的要素以及各要素之间的关联,并概括了算法的运行流程。通过在仿真验证中与经典的PnP位姿估计方法对比,提出的目标位姿估计滤波算法在运行效率提升了约1倍的前提下,位姿估计误差降低了约38.23%。

本章提出的目标位姿估计滤波方法以传统的几何约束为基本框架,第4章将以人工神经网络为基础,构建目标位姿端到端估计模型,实现由序列图像到目标位姿的直接估计。

第4章 深度特征驱动的目标位姿端到端估计方法

4.1 引　言

基于广义特征的目标位姿滤波模型旨在从空间几何的角度推导目标的空间位姿。该方案依赖目标的图像广义特征，对光照变化和遮挡较为敏感，且涉及的环节和参数较多，在实际应用过程中需要大量的参数设计和调试。人工神经网络通过多层神经元的相互连接，能够学习和构建具有非线性复杂关系的模型。为了增强算法对不同应用场景的适应性，提高算法应用效率，本章拟以神经网络为算法主体，依托深度学习理论，构建以序列图像为输入的目标位姿端到端估计理论模型，结合多类神经网络的优势，设计混合型目标位姿端到端估计网络，分析观测量转换原理，提出观测量转换参数优化算法，在此基础上，明确算法要素以及算法流程，并基于仿真验证环境，验证转换参数优化算法性能，并通过对比分析位姿端到端估计网络的性能提升。

4.2 目标位姿端到端估计模型

4.2.1 位姿估计网络框架设计

近年来，人工神经网络在计算机视觉领域的应用取得了显著的成果。其应用方式主要分为以下两种。

(1) 早期的研究利用人工神经网络代替算法流程中的子模块完成其对应的任务。

(2) 近期的研究通过构建人工神经网络替代整个算法，实现端到端输出。

大量研究成果表明，使用人工神经网络实现端到端的目标分类、检测和分割，相比传统的多模块思路在各方面的性能均得到了提升，尤其是在鲁棒性和精确性方面的提升更为显著。以目标检测领域为例，作为深度学习在目标检测领域应用的鼻祖，R-CNN、Fast R-CNN以及Faster R-CNN的相继提出，标志着深度学习网络不仅能够实现准确的目标分类，也能胜任目标检测。根据上述 3 种基于神经网络的目标检测算法原理，由 R-CNN 向 Faster R-CNN 的演化过程等价于逐渐将多模块传统框架发展至单一神经网络集成框架，最终由单个深度神经网络实现端到端输出。端到端神经网络框架不仅简化了算法模块和人工调试参数，并且在精确性、实时性以及鲁棒性方面得到了不同程度的提升。虽然神经网络在目标分类、检测和分割方面取得了显著的成果，但是这些任务仅仅停留在图像信息提取、抽象的层面，即目标的 2D 识别层面。根据图像估计目标空间位姿的研究目前仍以传统的多模块组合框架为主，如何通过构建神经网络进行目标位姿的端到端估计仍是研究难点。

综上所述，以端到端位姿估计作为模型框架，构建神经网络 Ne，实现由序列图像 $\{I_j | j=i,i-1,\cdots\}$ 到目标位姿的端到端估计。由于图像目标仅蕴含了目标同摄像机之间的位姿关系，因而该端到端的位姿输出本质上是目标在摄像机坐标系下 $\mathcal{F}^c$ 的位姿 Po^c。为了获取目标在世界坐标系下的位姿 Po^w，还需根据传感器数据和系统参数 SP 完成转换，整个过程可抽象为以下表达式：

$$\{I_j | j=i,i-1,\cdots\} \xrightarrow{\text{Ne}} Po^c \xrightarrow{SP} Po^w \tag{4.1}$$

目前，基于神经网络的目标位姿估计方法皆针对单帧图像中的目标。相比单帧图像，序列图像包含了目标在时域中的关联信息。卷积神经网络善于抽取图像特征，但无法独立实现对序列图像中目标时域关联信息的提取。循环神经网络（recurrent neural network，RNN）作为一种以序列数据为输入的神经网络，能够对历史时刻信息进行记忆并应用于当前输出的计算中，在语音识别、语言建模等语义识别相关领域较为广泛。然而，RNN 不善于从图像中提取抽象特征，仅利用 RNN 实现目标位姿的估计同样不可行。综上所述，综合 CNN 善于提取图像特征和 RNN 具备记忆功能的特点，首先利用卷积神经网络 $\{CN_j | j=i,i-1,\cdots\}$ 提取序列图像 $\{I_j | j=i,i-1,\cdots\}$ 的特征图 $\{FM_j | j=i,i-1,\cdots\}$：

$$I_j \xrightarrow{CN_j} FM_j \tag{4.2}$$

其中，各图像共享特征提取网络 CN，即各帧图像 CN 的结构和权重参数完全相同，大幅降低了网络参数规模。随后，采用区域生成网络 $\{PN_j | j=i,i-1,\cdots\}$ 提取目标区域，从而生成目标特征图 $\{FM_j^o | j=i,i-1,\cdots\}$：

$$FM_j \xrightarrow{PN_j} FM_j^o \tag{4.3}$$

同特征提取网络类似，区域生成网络同样采用共享机制。上述过程分别针对各帧图像独立完成，下面将通过循环神经网络 RN 对各帧图像目标进行关联，并获取中间结果 $\{RM_j^o | j=i,i-1,\cdots\}$：

$$\{FM_j^o | j=i,i-1,\cdots\} \xrightarrow{RN} \{RM_j^o | j=i,i-1,\cdots\} \tag{4.4}$$

最后,构建位姿回归网络 $\{FN_j \mid j=i, i-1, \cdots\}$ 实现目标位姿的回归:

$$RM_j^o \xrightarrow{FN_j} Po_j^c \qquad (4.5)$$

同理,该位姿回归网络采用共享机制。总体来说,整个位姿估计端到端网络由 4 个子网络构成,各子网络之间紧密相连,并由 RN 实现帧间时域关联。

在获取目标在摄像机坐标系下的位姿 Po^c 后,利用摄像机坐标系 $\mathcal{F}^c$ 和世界坐标系 $\mathcal{F}^w$ 之间的转换关系 T_c^w,完成目标位姿的转换:

$$Po^c \xrightarrow{T_c^w} Po^w \qquad (4.6)$$

4.2.2 序列图像端到端估计网络

LieNet[106] 是迄今为止实现了对单帧图像中目标位姿端到端估计的网络之一。该网络在 Mask R-CNN[107] 的基础上,通过并联由 3 层全连接层组成的位姿回归网络,实现了目标的位姿回归。为了深入挖掘目标在序列图像中的时域依赖关系,从而更加准确地估计目标位姿,在 Mask R-CNN 的基础上嵌入长短期记忆网络(long short-term memory,LSTM),实现目标位姿信息的选择性记忆,并构建位姿回归网络对目标位姿进行回归估计。在此基础上,从浮点运算量和内存访问量的角度综合评估网络的运行效率,对网络结构进行整体优化,构建以序列图像为输入的高效目标位姿端到端网络 SPoseNet。

4.2.2.1 LieNet 网络结构

Mask R-CNN 是继 Faster RCNN 之后采用区域候选网络(region proposal network,RPN)实现目标 2 维信息提取的又一个突破性成果。Mask R-CNN 不仅实现了目标检测,同时利用反卷积模块,巧妙地实现了端到端的目标分割。如图 4.1 所示,LieNet 以 Mask R-CNN 的主干网络为基础,以 RPN 输出的目标区域特征图为输入,通过 3 层全连接网络实现了目标 4 维位姿的回归。其中,特征图提取网络引入了残差网络 ResNet 和特征金字塔(feature pyramid network,FPN),构建了 ResNet+FPN 多尺度目标特征提取架构。4 维位姿向量包含目标的 3 维李代数空间向量以及 1 维距离。目标的 3 维位置可以通过 1 维距离以及目标的图像位置,根据小孔成像原理推知。其中,3 维李代数空间向量可以唯一表征目标坐标系 $\mathcal{F}^b$ 同摄像机坐标系 $\mathcal{F}^c$ 的旋转关系。综上所述,目标的 6 维位姿实际上由 4 维回归向量和 2 维目标图像位置构成。然而,该网络仅针对单帧图像中的目标进行位姿估计,并没有提取并利用目标在时域上的关联,从而影响位姿估计结果的平滑度和精确性。

4.2.2.2 SPoseNet 网络设计

为了进一步提高位姿估计结果的精确性,利用序列图像中目标的时域依赖关系,引进 LSTM,利用 LSTM 的选择性记忆功能实现当前时刻同历史时刻目

第 4 章 深度特征驱动的目标位姿端到端估计方法

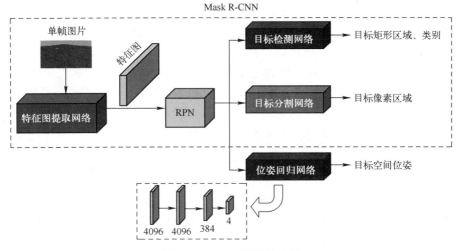

图 4.1 LieNet 网络结构图

标状态的有效融合,构建基于序列图像的目标位姿端到端估计网络 SPoseNet。其网络结构如图 4.2 所示。取历史 J 帧作为一组输入,各帧图像通过卷积神经网络 CN 和区域生成网络获得目标区域特征图,随后利用 Mask R-CNN 的目标检测和分割网络实现目标检测分割,与此同时,目标区域特征图同上一时刻的目标区域特征图进行叠加,并经过循环神经网络 RN,最后通过位姿回归网络 FN 完成位姿估计。图中的蓝色区域作为 SPoseNet 的核心模块,体现了利用目标在序列图像中的时域关联估计位姿的核心思想。网络通过 RN 构建了各帧之间的时域关联,使后续的位姿回归不只取决于当前帧,也受到历史帧的影响。由于首帧无法获取历史帧目标区域特征图,因此对首帧目标区域特征图进行复制叠加操作。

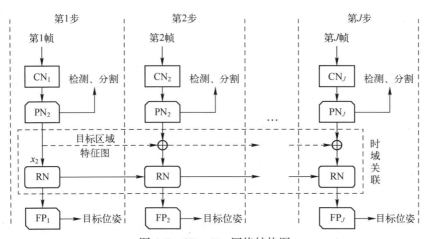

图 4.2 SPoseNet 网络结构图

在网络训练过程中，对 J 步网络进行整体训练，即取连续 J 帧序列图像作为输入，对 J 帧的检测、分割以及位姿估计误差求和并进行反向传播，并重复上述过程。实际应用过程同训练过程有所区别，仅针对当前帧进行位姿估计。假设当前为第 i 帧，此时利用第 $i-1$ 帧的目标区域特征图和 RN 输出，进行第 i 步前向传播，并同时存储目标区域特征图和 RN 输出，用于下一帧的前向传播。

第 i 步的网络详细结构图如图 4.3 所示。采用了 ResNet-34 作为特征图提取网络，经过 RPN 提取目标区域特征图并与 $i-1$ 帧目标区域特征图叠加后，利用 512 维的 LSTM 对目标区域特征图进行选择性记忆和遗忘，最后利用由 1 层卷积层和 3 层全连接层组成的位姿回归网络 FN_i 输出目标位姿。其中，FN_i 的全连接层维度分别为 1024、256 和 4。同 LieNet 类似，4 维目标位姿由 3 维李代数空间向量和 1 维目标距离构成。

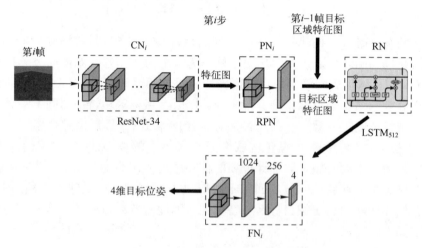

图 4.3　第 i 步的网络详细结构图

SPoseNet 采用了具有遗忘门的标准 LSTM 单元。该类 LSTM 具备了遗忘门、输入门和输出门。对于第 j 步，其内部的基本操作如下：

$$\begin{cases} i_j = \sigma(W_i[X_j, h_{j-1}] + \varepsilon_i) \\ f_j = \sigma(W_f[X_j, h_{j-1}] + \varepsilon_f) \\ o_j = \sigma(W_o[X_j, h_{j-1}] + \varepsilon_o) \\ \widetilde{C}_j = \tanh(W_C[X_j, h_{j-1}] + \varepsilon_C) \\ C_j = f_j * C_{j-1} + i_j * \widetilde{C}_j \\ h_j = o_j * \tanh(C_j) \end{cases} \quad (4.7)$$

式中：σ 为 sigmod 函数；$i_j(\cdot)$、$f_j(\cdot)$、$o_j(\cdot)$ 分别为输入门、遗忘门和输出

门；ε 为偏差因子；X_j 为 LSTM 的输入，即通过连接处理的目标 ROI 区域特征图；W 为各门运算子的参数集合；C_j 为记忆单元，通过不断地获取新的记忆并遗忘较为久远的记忆，存储一定步长范围内的信息。相邻步的 LSTM 通过隐层状态 h 传递信息。在第 1 步中，上述操作涉及的 h_{j-1} 和 C_{j-1} 皆省略。

多任务网络模型通过不同任务间的网络信息共享，有效提升网络的泛化能力。SPoseNet 同时输出目标的图像位置、目标类别、目标像素区域以及目标空间位姿。其中前 3 类输出为 Mask R-CNN 输出。网络训练的损失函数 F_{loss} 主要由 loss^p 和 loss^m 组成：

$$F_{\text{loss}} = \sqrt{\sum_{i=1}^{J} \| \alpha^p \text{loss}_i^p + \alpha^m \text{loss}_i^m \|^2} \tag{4.8}$$

其中，α^p 和 α^m 为比例因子。根据 Mask R-CNN 对损失函数的定义，loss^m 由 3 部分构成：

$$\text{loss}^m = \alpha_1^m L_{\text{cls}} + \alpha_2^m L_{\text{box}} + \alpha_3^m L_{\text{mask}} \tag{4.9}$$

式中：α_1^m、α_2^m、α_3^m 为对应的比例因子。假设网络输出的目标概率值为 p，则 L_{cls} 定义为

$$L_{\text{cls}} = -\log p \tag{4.10}$$

假设网络输出的目标区域图像位置按照左上角横坐标、左上角纵坐标、矩形框宽和矩形框长的顺序表示为 (t_x, t_y, t_w, t_h)，目标的真实图像位置为 (g_x, g_y, g_w, g_h)，则 L_{box} 定义为

$$L_{\text{box}} = \sum_{n \in \{x,y,w,h\}} \text{smooth}_{L_1}(t_n - g_n) \tag{4.11}$$

$$\text{smooth}_{L_1}(x) = \begin{cases} 0.5x^2, & |x| < 1 \\ |x| - 0.5, & |x| \geq 1 \end{cases} \tag{4.12}$$

相比常用的以 2 范式距离为基础的损失函数定义，上述方式降低了损失函数对异常值的敏感性。网络的目标像素区域输出为与目标矩形框相同尺寸的二值化单通道图像。其中，属于目标的像素赋值为 1，其余为 0。L_{mask} 定义为网络输出的目标像素区域二值化图像与真实目标像素区域二值化图像的交叉熵。与位姿估计结果相关的损失函数 loss^p 定义为网络输出的 4 维位姿向量同真实位姿向量之间的 2 范式距离。

4.2.2.3 SPoseNet 结构优化

本书研究以实际应用为驱动，因此算法在平台上的运行效率也是关注的重点。当前，对于如何优化网络结构，在不过多损失网络精度的前提下提高网络运行效率的研究[108-110]逐渐增多。研究人员不再一味追求网络的精度提升，而是将网络的实用化作为神经网络领域的研究重点之一。

衡量一个网络复杂度的常用指标是网络进行一次前向运行过程所需的浮点

运算次数。但诸如内存访问的一些操作同样影响着网络运行速度。Ma 等[109]以浮点运算数和内存访问数为主要指标,开展了如何提高网络运行效率的研究,总结出了以下四点规则。

(1) 卷积层的输入和输出通道数相等时的内存访问开销最小。
(2) 过度使用组卷积将会增加内存访问开销。
(3) 网络模型的分支将降低网络的并行程度。
(4) 元素级的操作影响网络效率。

首先,针对规则(1),SPoseNet 的卷积层集中于特征图提取网络 ResNet-34 和位姿回归卷积网络中。在后者的设计中,将 2 层卷积层的尺寸设置为 5×5×64 和 5×5×64。其次,诸如 ReLU、AddBios、前馈连接的元素级操作所需浮点运算数较少,但存在较多的内存访问开销。在 SPoseNet 设计过程中,首先将 ResNet-34 中的 ReLU 进行了删除和替换,并删除了位姿回归部分的元素级操作。

4.3 观测量获取

神经网络的功能化是以数据为基础通过训练完成的。观测量包括由传感器实时获取的实时图像、云台姿态欧拉角、视觉系统载体位姿、目标真实位姿,以及用于网络功能化的标签数据。其中,数据标签由目标的真实位姿转换而来,因而需要设计转换模型对实时观测量进行转换。

4.3.1 转换模型

根据无人机应用场景,用于制作数据标签的目标真实位姿是通过目标里程计获取的绝对位姿 P_o^w。将目标真实绝对位姿转换 P_o^w 转换为目标真实相对位姿 P_o^c,是转换模型的主要功能。转换过程可根据坐标系之间的转换矩阵 T_w^c 完成:

$$\boldsymbol{t}_o^c = \boldsymbol{T}_w^c \begin{bmatrix} \boldsymbol{t}_o^w \\ 1 \end{bmatrix} = \begin{bmatrix} R_w^c & \boldsymbol{t}_w^c \\ 0 & 1 \end{bmatrix} \begin{bmatrix} \boldsymbol{t}_o^w \\ 1 \end{bmatrix}$$

$$R_o^c = R_w^c R_o^W \tag{4.13}$$

因此,完成转换的关键是获取转换矩阵 T_w^c。其中,$\boldsymbol{t}_o^w$ 和 R_o^w 可直接由目标绝对位姿 P_o^w 推导。根据设计的硬件架构和坐标系定义,世界坐标系 $\mathcal{F}^w$ 同摄像机坐标系 $\mathcal{F}^c$ 通过以下方式完成关联:

$$\mathcal{F}^w \rightarrow \mathcal{F}^i \rightarrow \mathcal{F}^o \rightarrow \mathcal{F}^{g'} \rightarrow \mathcal{F}^g \rightarrow \mathcal{F}^c \tag{4.14}$$

T_w^c 的推导过程为

$$T_w^c = T_g^c T_{g'}^g T_o^{g'} T_i^o T_w^i \tag{4.15}$$

其中，$T_{g'}^g$ 和 T_i^o 是实时变化的，可分别根据云台实时姿态数据和载体里程计数据唯一确定。其余的转换矩阵皆是固定不变的。T_w^i 同样可以根据载体里程计的初始读数推导。而 $T_o^{g'}$ 和 T_g^c 则是由云台和摄像机的安装参数决定的，称为摄像机-云台-里程计系统的外参数。由于安装误差的存在，直接根据安装参数推导外参数势必带来较大的误差。综上所述，精确估计转换参数 $T_o^{g'}$ 和 T_g^c 是完成观测量转换的必要前提。下面将针对转换参数精确估计问题，设计摄像机-云台-里程计系统外参数标定算法，实现 $T_o^{g'}$ 和 T_g^c 的精确估计，为观测量的转换奠定基础。

▶ 4.3.2 转换参数估计

目前，针对摄像机-里程计系统的外参数标定研究较多[111-113]，而摄像机-云台-里程计系统的外参数标定涉及 3 个坐标系，相比之下难度更大，迄今为止研究成果较少。根据标定过程的自主程度，其可分为传统的人工辅助标定方法和自标定方法。传统的人工辅助标定方法精确性高但限制较多、效率较低。自标定方法高效、灵活，但在精确性方面有所欠缺。因此，需要根据具体的应用场景要求进行选择。为了增强标定方法的适用性，设计了一种同时支持离线人工辅助标定和在线自标定两种模式的标定算法，并且适用于大尺度室外环境。该方法的使用非常灵活，可根据具体的应用场景需求选择标定模式，体现了较强的场景适应性。

摄像机-云台-里程计系统的外参数标定问题即求解 $\mathcal{F}^c$ 同 $\mathcal{F}^g$ 以及 $\mathcal{F}^{g'}$ 同 $\mathcal{F}^o$ 之间的转换关系，可等价为估计以下两组欧拉角 $Eu_o^{g'}$、Eu_g^c 以及平移向量 $\boldsymbol{t}_o^{g'}$、$\boldsymbol{t}_g^c$：

$$\begin{cases} (Eu_o^{g'}, \boldsymbol{t}_o^{g'}) = (\varphi_o^{g'}, \theta_o^{g'}, \psi_o^{g'}, x_o^{g'}, y_o^{g'}, z_o^{g'}) \\ (Eu_g^c, \boldsymbol{t}_g^c) = (\varphi_g^c, \theta_g^c, \psi_g^c, x_g^c, y_g^c, z_g^c) \end{cases} \tag{4.16}$$

根据坐标系转换原理，坐标系之间平移向量的误差仅对目标在新坐标系的 3D 位置精度造成影响，且误差传播过程是线性的。根据设计的硬件架构，$\mathcal{F}^c$、$\mathcal{F}^g$、$\mathcal{F}^{g'}$、$\mathcal{F}^o$ 原点之间的距离均处于厘米级，而在无人机应用场景中，目标的运动范围和速度皆处于米级。因此，外参数中的平移向量部分可通过机械安装参数进行粗略估计，造成的误差对欧拉角的标定以及后续的目标位姿估计结果影响甚微。换言之，外参数的标定工作将简化为对两组欧拉角的标定：

$$(Eu_o^{g'}, Eu_g^c) = (\varphi_o^{g'}, \theta_o^{g'}, \psi_o^{g'}, \varphi_g^c, \theta_g^c, \psi_g^c) \tag{4.17}$$

整个标定算法由样本采集、样本标注和参数优化 3 个串行模块构成。其中，样本采集模块利用运动载体对标靶进行全方位成像，并将图像连同其他传感器数据一同作为样本进行储存；算法的离线和在线模式的区别主要体现在样本标注部分。在离线模式下，通过人工标注所有样本图像中标靶的位置，生成标签样本集；而在线模式下的样本标注通过标靶检测算法自动检测标靶的图像位置，于载体处理器中全自主完成。参数优化模块以标签数据集为输入，以标靶的重建误差为目标函数，对外参数进行迭代优化。在在线模式下，整个标定流程在载体处理器上完成，其间不需要任何人工干预。而离线模式需要将采集的样本导入其他计算机中，人工完成标靶位置标注生成标签样本。下面将针对各模块进行详细介绍。

4.3.2.1 样本采集

样本采集流程如图4.4所示，载体通过全方位地围绕标靶运动拍摄包含标靶的图像集，同时记录对应时刻的载体里程计数据和云台姿态数据，生成原始样本集。整个流程在机载处理器上完成，包括传感器数据的读取、数据的时间对齐以及数据的存储。以 t 时刻为例，机载处理器获取摄像机拍摄的包含标靶的图像、云台输出的姿态以及载体里程计数据，并根据时戳将数据对齐，存储在处理器上。假设样本采集步长设为 d，在完成 t 时刻的样本采集后，后续将以 d 为间隔周期继续样本采集。在完成一次样本集的采集后，需要为样本集保存相关静态参数，包括摄像机内参数、标靶的真实位置、云台姿态初始值等，用于后续的外参数优化过程。

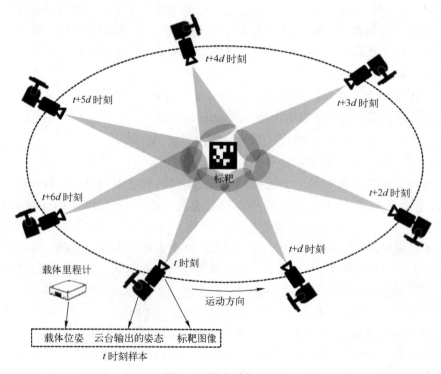

图 4.4 样本采集流程

在标定过程中，为了使标靶始终处于视野内，根据标靶的真实位置以及载体的实时位姿，实时解算云台的期望姿态，并对云台进行实时控制。驱使载体全方位围绕标靶运动的目的是增加云台的转动，使样本集中的云台姿态角尽可能覆盖有效范围，增强样本的覆盖度。标靶在图像中的尺度体现了标靶同载体之间的物理距离。为了增强样本覆盖度，载体同目标之间的距离分布应尽量广。然而距离范围是无限的，显然样本集不可能覆盖整个距离范围。因此，距离范围的选择应根据应用场景中目标与载体的距离分布特性完成。

4.3.2.2 样本标注

样本标注主要包括两部分工作：样本集优化以及标靶图像位置标注。其中，样本集优化是指对处理器存储的原始样本集中的无效样本进行删除。无效样本主要指图像中无标靶的样本。虽然通过云台的转动使摄像机始终对准目标，但控制响应时间、控制误差等可能造成目标短时间在视野中丢失，从而产生了不包含标靶的图像样本。标靶图像位置标注过程即在样本集的图像中标注出标靶的图像位置，即标靶中心点的图像坐标。

算法在线模式下的自动标注通过针对标靶的目标检测完成。标靶作为合作目标，可以提供大量的标靶标签图像数据，在这些数据的驱动下，以机器学习理论为支撑，构建基于神经网络的标靶目标检测算法，实现对标靶目标的实时自主检测。考虑到机载处理器可能存在的运算能力限制，在保证算法精度的前提下，算法运行效率也需重点关注。标靶目标检测算法流程如图 4.5 所示。其设计思路同基于广义特征的目标位姿估计算法中检测器的设计思路类似。考虑到算法的实时性，将目标检测分为目标候选区域提取和候选区域分类两个串行步骤完成，分别采用基于谱残差的显著性检测方法和分类神经网络实现候选区域提取和候选区域分类，具体细节可参考 3.3.2 节。不同的是，由于样本中的目标尺度变化范围不大，因而并不需要构建显著性图金字塔适应目标的不同尺度。未检测到标靶目标的图像被视为无效样本，从样本中删除；而检测到标靶目标的图像，将标靶目标区域的中心点作为标靶目标的图像位置。总的来说，在线自标定模式实现了全自主样本标注，在标注精度方面相比离线模式有所欠缺，但极大地提高了效率，节省了大量人力成本。

4.3.2.3 参数优化

在标签样本的基础上，设计以外参数为变量的目标函数，通过迭代优化获取最优外参数。结合目标位姿估计的研究内容，定义标靶的重建误差平方和作为目标函数 $f_o(Eu_o^{g'}, Eu_g^c)$：

$$f_o(Eu_o^{g'}, Eu_g^c) = \sum_{j=1}^{m} \| (x_j^w, y_j^w, z_j^w)^\mathrm{T} - P_t^w \|_2^2 \quad (4.18)$$

式中：m 为样本数量；P_t^w 为标靶在世界坐标系 $\mathcal{F}^w$ 的真实位置；(x_j^w, y_j^w, z_j^w)

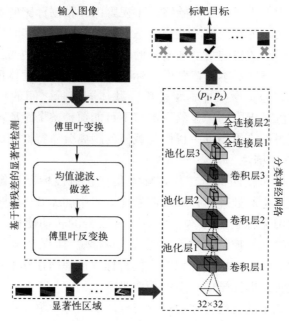

图 4.5 标靶目标检测算法流程

为通过标靶图像位置标签求解的标靶绝对位置。如图 4.6 所示，对于第 j 个样本，标靶位于图像位置 (u_j, v_j)。根据相似三角形原理，存在以下关系：

$$\begin{cases} \dfrac{f}{z_j^c} = \dfrac{d_x |u_j - c_x|}{x_j^c} \\ \dfrac{f}{z_j^c} = \dfrac{d_y |v_j - c_y|}{y_j^c} \end{cases} \quad (4.19)$$

式中：f、d_x、d_y、c_x、c_y 为摄像机内参数。根据单目无法估计目标深度的特性可知，仅凭借目标的图像位置无法还原目标的空间位置。要求解标靶在 $\mathcal{F}^c$ 中的位置 (x_j^c, y_j^c, z_j^c)，除了式（4.19）包含的两个方程，至少还需要一个方程。故需利用目标的先验知识构建方程。根据摄像机-云台系统的安装参数可粗略获得部分外参数，其中包括 $\mathcal{F}^o$ 同 $\mathcal{F}^{g'}$ 之间的平移向量 $\boldsymbol{t}_{g'}^o$。结合 P_t^w，可推知标靶位于载体里程计坐标系的位置 P_t^o：

$$\begin{bmatrix} P_t^o \\ 1 \end{bmatrix} = T_i^o T_w^i \begin{bmatrix} P_t^w \\ 1 \end{bmatrix} \quad (4.20)$$

由此可知标靶同云台基座的物理距离 $D_{g'}^t$：

$$D_{g'}^t = \| P_t^o - \boldsymbol{t}_{g'}^o \|_2 \quad (4.21)$$

由于摄像机距离云台基座较近，故有

$$D_c^t = \sqrt{(x_j^c)^2 + (y_j^c)^2 + (z_j^c)^2} \approx D_{g'}^t \quad (4.22)$$

联合式 (4.19) 和式 (4.22), 可解出 (x_j^c, y_j^c, z_j^c), 从而推导出 (x_j^w, y_j^w, z_j^w):

$$\begin{bmatrix} x_j^w \\ y_j^w \\ z_j^w \\ 1 \end{bmatrix} = T_i^w T_o^i T_{g'}^o T_g^{g'} T_c^g \begin{bmatrix} x_j^c \\ y_j^c \\ z_j^c \\ 1 \end{bmatrix} \tag{4.23}$$

其中,T_c^g 和 $T_{g'}^o$ 由外参数决定:

$$\begin{aligned} T_c^g &= (T_g^c)^{\mathrm{T}} = \begin{bmatrix} R_g^c(Eu_g^c) & \boldsymbol{t}_g^c \\ 0 & 1 \end{bmatrix}^{\mathrm{T}} \\ T_{g'}^o &= (T_o^{g'})^{\mathrm{T}} = \begin{bmatrix} R_o^{g'}(Eu_o^{g'}) & \boldsymbol{t}_o^{g'} \\ 0 & 1 \end{bmatrix}^{\mathrm{T}} \end{aligned} \tag{4.24}$$

式 (4.23) 中其余的转换矩阵可根据样本集包含的传感器数据以及参数直接推导。求解目标函数 $f(Eu_o^{g'}, Eu_g^c)$ 的最小值采用了经典的 Levenberg-Marquardt 算法[114]。

算法的离线和在线模式皆采用上述优化模型, 区别在于离线模式下的优化过程可在计算能力较强的地面计算机平台进行, 效率较高; 而在线模式下的优化过程自动在机载处理器上完成, 耗时相对较长。

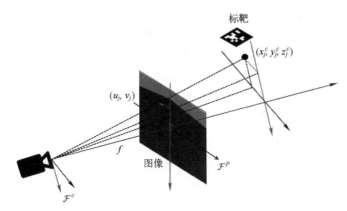

图 4.6 基于小孔成像模型的标靶位置推导几何关系图

4.4 目标位姿端到端估计算法

4.4.1 算法要素

通过设计多任务深度神经网络, 直接根据序列图像 $\{I_j | j=i, i-1, \cdots\}$ 估计目

标同摄像机的相对位姿 Po^c，体现了算法的高度集成性。如图 4.7 所示，目标位姿端到端估计算法主要由位姿端到端估计和转换参数估计两个要素构成。首先由位姿端到端估计模块直接估计目标在摄像机坐标系 $\mathcal{F}^c$ 的位姿 Po^c，后续仅需坐标系转换过程就可获得目标的绝对位姿 Po^w。其中，转换参数估计模块不仅是构建网络训练数据的基础，也为坐标系转换提供必要的参数 SP。

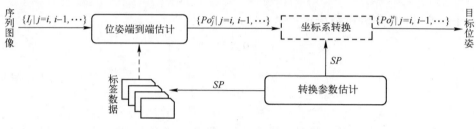

图 4.7　目标位姿端到端估计总体流程

4.4.2　算法流程

目标位姿端到端估计算法的总流程如表 4.1 所列。图像 I、云台姿态欧拉角 Eu^g 和载体位姿 Po^r 是通过传感器实时获取的。序列长度 J 需预先设为定值。在订阅到图像 I 后，首先判断当前帧计数是否超过 J。若帧计数大于 J，则将帧计数重置为 1，否则帧计数加 1。随后，根据帧计数，将图像 I 代入位姿估计端到端网络输入序列的对应位置，进行网络的前向运行，获得目标区域 De_b 和目标相对位姿 Po^c。最后，若检测出目标，则根据系统外参数 T_o^g、T_g^c 以及读取的云台姿态欧拉角 Eu^g 和载体位姿 Po^r，将目标的相对位姿 Po^c 转换为绝对位姿 Po^w。

表 4.1　目标位姿端到端估计算法流程

算法　基于深度特征的目标位姿估计算法
输入：
图像：I
云台姿态欧拉角：Eu^g
载体位姿：Po^r
历史帧目标区域特征图：FM_{k-1}^o
系统外参数：T_o^g、T_g^c
序列长度：J
输出：目标绝对位姿 Po^w
步骤：
While 完成图像 I 订阅 **do**
If 帧计数 $>J$
帧计数置 1
Else

续表

```
        帧计数加 1
    End
    根据帧计数,将图像 I 代入位姿估计端到端网络,结合历史帧目标区域特征图 $FM_{k-1}^o$,通过网
络的前向运行获得目标相对位姿 $Po^c$ 和目标区域 $De_b$;
    读取云台姿态欧拉角 $Eu^g$ 和载体位姿 $Po^r$
    If $De_b$ 非空
        根据系统外参数 $T_o^{g'}$ 和 $T_g^c$、云台姿态欧拉角 $Eu^g$ 和载体位姿 $Po^r$ 将 $Po^c$ 转换为 $Po^w$
    End
End
```

4.5 仿真算例验证

仿真性能验证首先针对观测量获取方法,即转换参数估计算法的性能进行分析。由于算法是以参数的迭代优化为主体核心,因此性能分析主要围绕收敛性和精确性展开。考虑到地基视觉场景中视觉系统的转换参数较为固定,在实际应用中不需要反复标定,故转换参数估计算法的仿真验证仅针对机载场景展开。随后,目标位姿端到端估计算法 SPoseNet 的实时性和精确性通过仿真试验进行验证,并与经典的 LieNet 进行性能对比。由于两者输出的是目标与摄像机之间的相对位姿 Po^c,因此位姿估计精确性分析验证围绕相对位姿 Po^c 展开。测试场景沿用了广义特征驱动的目标位姿估计算法仿真验证场景,即针对地基视觉无人机降落状态监测应用的无风成功降落、侧风成功降落以及侧风复飞 3 组试验和针对机载视觉无人机地面目标追踪应用的目标折线运动以及目标随机运动两组试验。

4.5.1 地基视觉场景算法性能分析

4.5.1.1 场景参数设置

与广义特征驱动的位姿估计方法相比,目标位姿端到端估计方法集成度高,模块和调节参数少,在应用于具体场景时,相应的应用研究工作较少。

综合考虑相邻图像帧的时间差以及算法的运行效率,以 6 帧序列图像为一组数据,即将循环神经网络的长度 J 设定为 6。位姿端到端估计网络的训练平台同锚点检测网络训练平台一致,其训练过程的具体参数如表 4.2 所列。相比锚点检测网络,混合型位姿估计网络的网络参数更多,训练过程更加耗时。

表 4.2　位姿端到端估计网络训练参数

参　　数	设　定　值
批样本数	16
正负样本比	3∶1
最大迭代次数	50000
初始学习率	0.1
学习率衰减	0.1/10000
权值衰减	0.0001

4.5.1.2　目标位姿端到端估计性能分析

SPoseNet 和 LieNet 的耗时集中于神经网络的前向运行过程。3 组试验的平均输出帧率如表 4.3 所列。由于两者都采用了层数较深的卷积神经网络用于特征图提取,因而造成了较大的浮点运算量。在地面平台的 GPU 支持下,LieNet 获得了 9.70 帧/s 的输出帧率。而 SPoseNet 由于附加了位姿回归网络模块,网络的运行速度略低于 LieNet。总体来说,两者的运行速度较为稳定,且基本维持在同一个水平。

表 4.3　地基视觉深度特征驱动的无人机目标位姿估计仿真试验帧率

试 验 分 组	SPoseNet/(帧/s)	LieNet/(帧/s)
试验一	8.15	9.01
试验二	8.81	9.89
试验三	9.56	10.21
均值	8.84	9.70

根据图 4.8 展示的 SPoseNet 和 LieNet 的位姿估计结果在各方向上的误差时变曲线,LieNet 的误差异常点较多,突变更加频繁,而 SPoseNet 则表现出了较好的平滑性。从理论层面分析,LieNet 仅根据当前帧估计目标的位姿,与目标的历史状态没有发生任何关联,因而在观测值误差较大时容易导致较大的位姿估计误差。而 SPoseNet 则充分挖掘了目标在序列图像中的时域依赖关系,在很大程度上避免了异常值的产生。试验结果同理论分析完全相符。如表 4.4 所列,根据位姿估计结果在各方向上的均方根误差统计结果,SPoseNet 的估计精度明显高于 LieNet,综合 3 组试验结果,SPoseNet 的位置和姿态估计误差分别降低了 32.08% 和 29.19%。充分利用目标在序列图像中的时域依赖关系,不仅能够平滑目标位姿轨迹,而且能提升目标位姿估计精度。

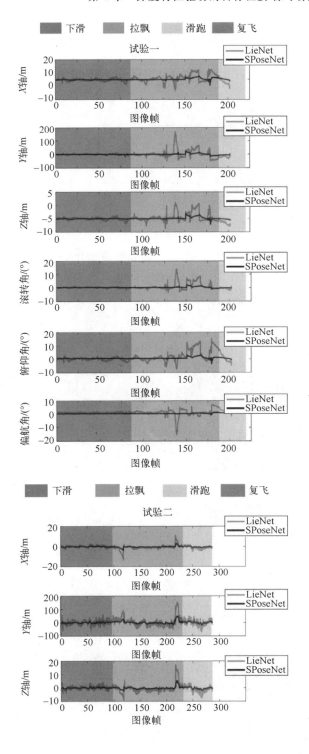

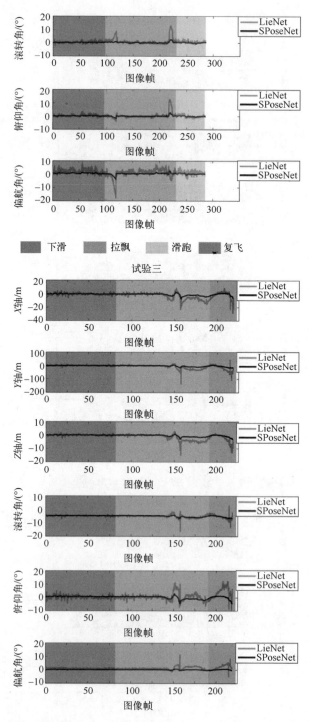

图 4.8 地基视觉深度特征驱动的目标位姿估计仿真试验的均方根误差轨迹图

表 4.4 机载视觉深度特征驱动的目标位姿估计仿真试验均方根误差

试验分组		X/m	Y/m	Z/m	滚转角/(°)	俯仰角/(°)	偏航角/(°)
试验一	LieNet	12.54	65.62	3.84	4.00	9.65	8.62
	SPoseNet	7.65	23.84	2.07	3.30	4.90	5.85
试验二	LieNet	12.36	69.15	8.86	6.98	5.64	8.95
	SPoseNet	7.41	54.74	2.14	4.64	3.00	6.40
试验三	LieNet	14.84	34.15	5.16	3.14	7.16	4.36
	SPoseNet	8.46	20.94	2.99	2.41	3.98	6.97

根据无人机降落状态监测的应用需求，无人机在降落过程中，由于跑道长度通常是足够长的，因此无人机对自身在跑道方向的位置估计误差容忍度较高。另外，跑道的宽度也决定了其对于跑道垂直方向的定位误差容忍度。由于无人机的离地高度是无人机降落控制的重要输入部分，其精度对于无人机降落的成败至关重要。根据坐标系定义，跑道以及跑道垂直方向分别对应于 X 轴和 Y 轴，而高度方向则对应于 Z 轴。因此，虽然 SPoseNet 在 X 轴和 Y 轴方向的定位误差较大，但完全满足实际应用需求。无人机降落对自身姿俯仰角和滚转角的估计精度要求相对较高，相对而言，偏航角误差容忍度较高。根据均方根误差统计，SPoseNet 在目标滚转角和俯仰角的估计精度相对更高，与实际应用需求相符。

4.5.2 机载视觉场景算法性能分析

4.5.2.1 场景参数设置

机载应用场景下的参数设置工作量同样较小。考虑到无人机的高动态性，目标在视野中丢失的情况更加频繁，从而导致序列图像之间的时域间隔不稳定，过长的序列长度势必产生更大的累积误差。而过短的序列长度则会降低时域依赖对位姿估计结果的影响，失去了 SPoseNet 的原理优势。综合考虑各项因素，将序列长度设置为 4。位姿端到端估计网络的训练相关参数与地基视觉场景验证相同，具体参见表 4.2。

4.5.2.2 观测量获取方法性能分析

观测量获取方法的主要目标是估计转换参数，因此算法验证围绕转换参数估计算法展开。转换参数估计算法在线模式和离线模式的区别在于样本标注过程是否全自主完成，离线模式下的参数估计难度低于在线模式。因此，仿真验证针对在线全自主模式下的转换参数估计算法展开。

考虑到参数迭代优化的收敛性直接决定了参数优化的成败，首先着重测试优化算法的收敛性。基于上述验证场景采集了 20 组样本，并通过自标注生成

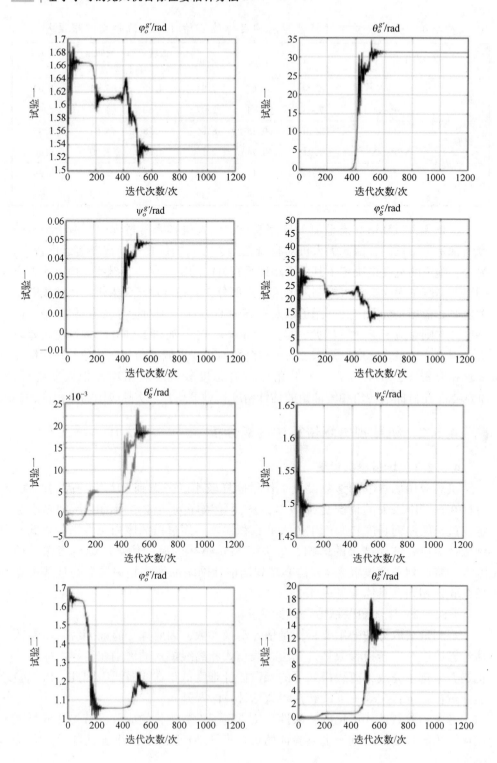

第 4 章 深度特征驱动的目标位姿端到端估计方法

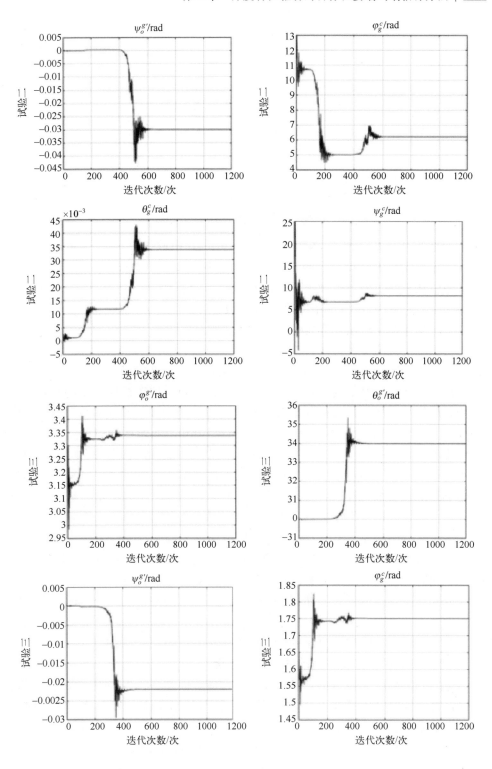

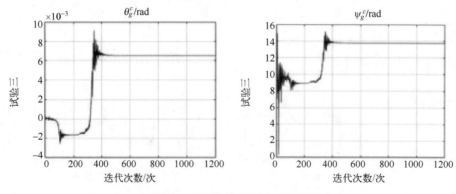

图 4.9　参数迭代优化收敛曲线

20 组标签样本。以上述样本为基础，进行了 20 组收敛性测试。测试结果表明，参数均实现了收敛。根据图 4.9 展示的 3 组参数收敛曲线，6 个参数在每组试验中几乎同时完成收敛，且完成收敛所需的迭代数分别为 600 次、600 次和 400 次。余下 17 组测试中的收敛迭代数皆分布在 300～600。综合收敛性测试结果，参数优化算法具有良好的收敛性能。

重建误差作为一种精度度量标准，其定义如式（4.18）所示。根据重建误差的定义可知其本质可视为目标的定位误差。采用重建误差衡量转换参数的估计精度，能够较好地反映转换参数误差对最终目标位姿估计精度的影响。20 组测试结果中，样本的目标注准确率平均达到了 91.4%，并根据不同的分布区间抽选了 4 组测试数据进行重建误差的统计。其中，每组的测试样本与用于参数优化的样本是相互独立的。4 组测试的样本标注准确率分别为 87.5%、89.0%、92.7% 和 96.5%。根据测试结果，在 X 轴、Y 轴和 XY 平面重建的误差箱形图如图 4.10 所示。在各个方向的重建误差随着样本标注准确率的提升而降低，体现了样本标注准确率直接影响转换参数的估计精度。在标注准确率达到 96.5% 的情况下，在 XY 平面的平均重建误差为 2.58m。由于离线模式下样本标注由人工完成，因此标注准确率基本可达 100%，这将进一步降低重建误差，同时也意味着转换参数的估计精度将得到进一步提升。总体来说，在飞行高度和飞行半径达到 80m 的场景下，重建误差低于 3m，仅为目标与摄像机距离的 2.6%，完全处于可接受范围内。综上所述，转换参数的精度基本满足需求，整个转换参数估计算法的可行性得到了验证。

4.5.2.3　目标位姿端到端估计性能分析

考虑到机载处理器与仿真平台在运算性能方面存在较大差距，在仿真平台上测试算法实时性参考意义不大，因此这里不对 SPoseNet 和 LieNet 的实时性进行评估分析。

SPoseNet 和 LieNet 的位姿估计结果在各方向的均方根误差如表 4.5 所列。

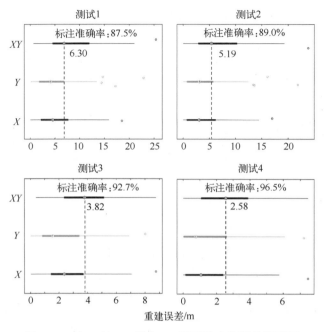

图 4.10　在 X 轴、Y 轴和 XY 平面重建的误差箱形图

LieNet 仅根据单帧图像进行目标位姿的恢复，其估计结果中存在较多的异常值，从而影响了整体的估计精度。而 SPoseNet 充分利用了序列图像中蕴含的目标时域依赖关系，在 LieNet 的基础上位置估计精度和偏航角估计精度分别提升了 15.20% 和 13.18%，并且在大尺度室外高动态场景下各方向的位姿估计均方根误差均低于 7m。这两种方法的位置估计误差在各坐标轴上分布较为均匀，与广义特征传统方法表现出的情况类似，与理论分析结果相符。

表 4.5　地面目标位姿估计仿真试验 SPoseNet、LieNet 均方根误差

试验分组	算法名称	X 轴/m	Y 轴/m	Z 轴/m	偏航角/(°)
试验一	SPoseNet	3.03	4.91	6.61	4.06
	LieNet	5.81	5.04	6.83	5.22
试验二	SPoseNet	5.81	4.60	3.33	5.91
	LieNet	6.08	9.61	6.70	6.18

 4.5.3　两类场景的算法性能对比分析

由于观测量获取方法仅在机载视觉场景进行验证，因而不在此对比。两类仿真场景的算法运行平台相同，故算法效率在两类场景中相当。下面针对精度展开两类场景的对比分析。

与 LieNet 相比，SPoseNet 在机载视觉场景分别实现了 15.20% 和 13.18% 的位置估计和姿态估计精度提升，相比地基视觉场景 32.08% 和 29.19% 的精度提升，机载视觉场景的提升效果相对较弱。这是由于在机载应用场景下，无人机作为视觉系统的载体，其运动速度快，导致目标在视野中丢失的情况更加频繁，进而导致序列图像之间的时域间隔经常不稳定，反而影响了目标位姿估计精度。除此之外，在实际应用中，机载场景下的算法运行平台、传感器等硬件平台的整体性能弱于地基场景，因而会对估计精度产生影响，从而拉大与地基场景的差距。总体来说，SPoseNet 能够充分利用目标的时域依赖关系，因而获得平滑稳定的估计结果，相比 LieNet 更加适用于可实时获取序列图像的实际应用场景。

4.6 本章小结

本章以人工神经网络理论为支撑，首先分析了以端到端的方式进行目标位姿估计的优越性，建立了以卷积神经网络和循环神经网络为基础的目标位姿端到端估计理论模型，并以理论模型为基础，综合考虑网络估计精度和运行效率，构建了以序列图像为输入的目标位姿端到端估计混合神经网络，实现了高度集成化的目标位姿端到端估计；随后根据模型对观测量的需求，构建了转换模型，并针对转换模型所需的参数，设计了支持在线全自主模式的转换参数估计算法，为快速精确获取转换参数奠定了基础，通过仿真试验验证了优化算法良好的收敛性，此外，平均重建误差低于目标与摄像机距离的 2.6%，达到了外参数精确性要求；最后对目标位姿端到端估计算法进行了要素分析，并详细阐述了算法运行流程。通过在仿真验证中与经典目标位姿端到端估计网络 LieNet 的性能比对，SPoseNet 在保持相同水平实时性的前提下，分别实现了 23.64% 和 21.19% 的位置和姿态估计精确性提升，充分体现了序列图像所蕴含的目标时域关联对位姿估计精度的提升作用，同理论分析相符。

第 5 章将针对无人机应用场景，构建实物验证环境，通过实物综合试验结果对比分析，验证提出的两种目标位姿估计方法相比经典目标位姿估计方法的性能优势。

第5章 目标位姿估计方法性能试验验证

5.1 引言

前文针对目标位姿估计问题分别根据图像目标的广义特征和深度特征，以序列图像为基础，研究了锚点特征驱动的位姿估计方法和混合神经网络的位姿端到端估计方法，并依托仿真验证环境对算法进行了初步验证。为了进一步验证算法在无人机相关应用中的实际应用效果，本章首先针对地基视觉无人机降落状态监测和机载视觉地面目标追踪两个室外高动态应用场景构建外场试验环境；随后以该试验环境为基础，分别对提出的两种目标位姿估计算法展开性能验证，并通过与经典算法的性能对比，验证算法在实时性、精确新和鲁棒性方面所具备的优势。

5.2 试验环境构建与参数配置

外场试验环境作为算法综合性能验证的环境基础，从场地环境的甄选，到系统各部分硬件的选型，都应与实际应用场景保持高度一致。本章针对地基视觉无人机降落状态监测和机载视觉地面目标追踪两个实际应用场景进行了深入调查研究，并根据各自特点对试验环境进行了针对性构建。

5.2.1 地基视觉无人机降落状态监测系统

5.2.1.1 实物系统构建

目前，地基视觉无人机降落状态监测系统多用于军用无人机的辅助着陆。其部署地点通常位于地面跑道或大型舰艇跑道，且周围多为空旷地带。如图5.1所示，地基视觉系统由一台2自由度云台及搭载的可见光摄像机构成。试验无人机选用"开拓者"中型固定翼无人机平台。该平台长220cm，翼展长300cm，质量为20kg，最大载荷为5kg，巡航速度可达120km/h。

视觉系统中的云台选用了美国FLIR公司型号为PTU-D300的双轴陀螺稳定云台。该款云台能够实时反馈偏航和俯仰转角，分辨率达到了0.006°。由

图 5.1 地基视觉无人机降落状态监测实物验证系统

于外场环境复杂多变，因此要求云台不仅能够抗击一定程度的振动，同时还需要具备较强的防护能力。PTU-D300 能够较好地适应野外较为恶劣的工作环境，且其防护等级为 IP67，具体性能参数见表 5.1。云台顶部固连的可见光摄像机选用型号为 DFK 23G445 的彩色 CCD 高速工业相机。其 CCD 芯片为 SonyICX445AQA，成像分辨率为 640×480，可选最大图像输出频率为 30 帧/s。该相机采用 GigE 接口传输图像，因此可通过千兆网实现供电和图像传输，利于系统结构简化。

表 5.1 PTU-D300 性能参数

性　　能	参　　数
转动速度	0.064~50°/s
最大负载	18.1kg
电源输入	DC12~30V
转角范围	偏航角：360° 俯仰角：-90°~30°
工作温度	-30~70℃

地基视觉系统相比搭载于移动平台的视觉系统，较大的优势在于几乎没有负载限制。在实际应用中，地基视觉系统往往配置一台运算性能较强的计算机作为算法的运行平台。为了便于部署，使用一台型号为 OMEN 17-AN014TX 的惠普笔记本作为算法的运行平台，具体配置参数见表 5.2。

表 5.2 惠普 OMEN 17-AN014TX 配置参数

配　　置	参　　数
处理器	i7-7700HQ
主频	2.80GHz
内存	16GB DDR4-2400 SDRAM
显卡	NVIDIA GeForce GTX 1070

5.2.1.2 系统参数配置

坐标系作为算法验证的基础,在算法验证前需结合实物系统对其进行具体明确。地基视觉无人机降落状态监测实物系统坐标系定义如图 5.2 所示。各坐标系含义可参考 2.3.3 节。惯性坐标系 $\mathcal{F}^i$ 定义为原点为云台支架接地点的北东地坐标系。世界坐标系 $\mathcal{F}^w$ 则定义为东北天坐标系,原点位于 $\mathcal{F}^i$ 的 X 轴上,与 $\mathcal{F}^i$ 原点距离 30.33m。云台坐标系 $\mathcal{F}^g$ 和云台基座坐标系 $\mathcal{F}^{g'}$ 的原点位于云台两个转轴的交点。由于本应用场景中视觉系统载体是静止的,因此对于视觉系统载体里程计坐标系 $\mathcal{F}^o$ 的定义较为灵活。为了简化坐标系转换以及外参数标定过程,将沿 $\mathcal{F}^{g'}$ 的 Z 轴反方向平移 0.3m 后形成的坐标系定义为 $\mathcal{F}^o$。此外,视觉系统载体体坐标系 $\mathcal{F}^r$ 同 $\mathcal{F}^o$ 完全重合。由于到本应用场景中视觉系统内部较为稳定,不需要反复的参数标定,因此采用离线人工辅助的方式估计系统内外参数,标定结果如表 5.3 所列。

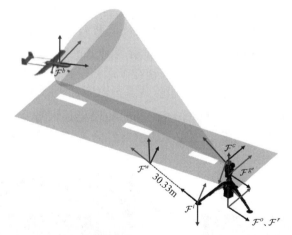

图 5.2 地基视觉无人机降落状态监测实物系统坐标系定义

表 5.3 地基视觉系统参数标定结果

参数分类	参数名称	估计值/rad
内参数	f_x	11284.9
	f_y	12053.6
	(c_x, c_y)	(304.5, 240.3)
外参数	$(\varphi_o^{g'}, \theta_o^{g'}, \psi_o^{g'})$	(3.256, 0.073, 1.436)
	$(\varphi_g^c, \theta_g^c, \psi_g^c)$	(1.749, -0.064, 0.001)

5.2.2 机载视觉地面目标追踪系统

5.2.2.1 实物系统构建

机载视觉地面目标追踪实物验证系统主要包含地面车辆目标系统和无人机系统。如图 5.3 所示，车辆目标系统由一辆越野车和车载电台组成。在实际应用中，无人机首先需要对目标进行搜索，在捕捉到目标后，进入目标追踪阶段。由于本书不涉及目标搜索研究，因此，在试验开始阶段，目标车辆利用车载电台为空中无人机提供自身的实时位置，引导无人机对自身进行捕获。考虑到实际应用中无人机飞行噪声对自身行踪的暴露问题，试验采用电动"双子星"泡沫固定翼无人机 MTD-100 作为视觉系统的载体。该平台长 123cm，翼展为 180cm，巡航速度可达 19m/s，一块容量为 12000mah 的电池可支持其飞行 80min，是同类泡沫无人机中任务时间较长的平台。该款无人机平台载荷能力较差，在配备基本的飞行控制及通信设备后，仅为视觉系统提供 0.5kg 的载荷余量。综合考虑质量和体积限制，遴选出两款较为合适的机载微型处理器：ODROID XU4 和 NVIDIA TX1。如表 5.4 所列，这两款处理器在质量、尺寸以及 CPU 性能方面差别不大。其主要区别在于运行功耗。由于 NVIDIA TX1 带有用于运算加速的 CUDA，其在工作期间功耗较高。而视觉系统与无人机动力系统皆由一块电池统一供电，视觉系统过高的功耗势必缩短无人机的任务时间。综合考虑各方面因素，选用了 ODROID XU4 作为视觉系统的核心处理器。

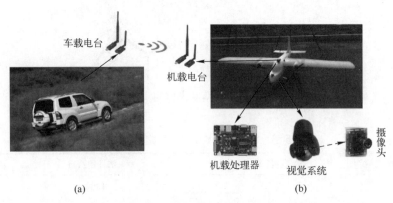

图 5.3 机载地面目标追踪实物验证系统

(a) 车辆目标系统；(b) 无人机系统。

表 5.4 ODROID XU4 同 NVIDIA TX1 性能参数对比

性　能	ODROID XU4	NVIDIA TX1
芯片	三星 Exynos 5422，8 核，2GHz，2GB RAM	ARM Cortex-A57 MPCore，4 核，4GB RAM

续表

性　能	ODROID XU4	NVIDIA TX1
尺寸	82mm×58mm	87mm×50mm
质量	73g	88g
CUDA	无	256 颗
功耗	较低	使用 CUDA 时较高

视觉系统的摄像头采用高速 USB 工业彩色相机 RER-USBFHD01M。该相机在分辨率为 640×480 的模式下图像输出帧率可达 120 帧/s，且与 ROS 完全兼容。其处理板尺寸为 32mm×32mm，总质量为 20g。为更好地兼容该款摄像头，为其定制了一款轻型 2 自由度云台。该云台各自由度的旋转分别由永磁同步电机控制，其底层控制器为 PID 控制器，并利用陀螺仪实现自身在惯性空间内的稳定，最大角速度可达 30°/s，自身姿态的稳定误差小于 2mrad。

5.2.2.2　系统参数配置

机载视觉地面目标追踪实物系统坐标系定义如图 5.4 所示。各坐标系含义参考 2.3.3 节。其中，里程计坐标系 $\mathcal{F}^o$ 的定义同机载 GPS 惯性导航系统相关。为简化坐标系关系，将载体体坐标系 $\mathcal{F}^r$ 与里程计坐标系 $\mathcal{F}^o$ 定义为同一坐标系。此外，世界坐标系 $\mathcal{F}^w$ 和惯性坐标系 $\mathcal{F}^i$ 相同，定义为北东地坐标系，其原点与无人机于跑道开始起飞时刻的里程计坐标系 $\mathcal{F}^o$ 原点重合。云台坐标系 $\mathcal{F}^g$ 和云台基座坐标系 $\mathcal{F}^{g'}$ 的原点位于云台两个转轴的交点，坐标轴方向同云台转轴方向相同。考虑到无人机飞行过程中存在强烈的震动等扰动，容易造成机载视觉系统的参数发生变化。因此，在实际应用中，视觉系统的外参数需要反复标定。为了提高标定效率，采用在线模式下的外参数标定方法对机载视觉系统外参数进行估计，标定结果如表 5.5 所列。

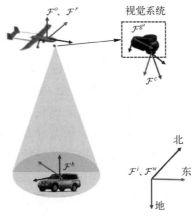

图 5.4　机载视觉地面目标追踪实物系统坐标系定义

表 5.5　机载视觉系统外参数标定结果

参数分类	参数名称	估计值/rad
内参数	f_x	1154.1
	f_y	1109.6
	(c_x, c_y)	(298.9, 270.2)
外参数	$(\varphi_o^{g'}, \theta_o^{g'}, \psi_o^{g'})$	(0.062, 2.964.073, 1.600)
	$(\varphi_g^c, \theta_g^c, \psi_g^c)$	(−1.515, 0.099, 1.329)

在无人机追踪地面目标的过程中，可以假定地面目标始终在地面运动。因此，目标在世界坐标系中的滚转角和俯仰角几乎为 0。根据应用场景的这一特点，将估计目标的 6 维位姿问题简化为估计目标 3 维空间位置以及偏航角问题，即估计目标的 4 维位姿问题。

5.3　地基视觉场景目标位姿估计算法性能验证

面向地基视觉无人机降落状态监测应用场景，分别针对广义特征位姿估计滤波方法和深度特征位姿端到端估计方法开展实物性能验证，并通过与经典方法的对比分析，验证算法的性能优势。为了便于表达，本章分别以 AP 和 AD 表示基于区域分块的多分辨率锚点检测算法和传统单通道锚点检测算法；分别以 FP 和 NP 表示广义特征驱动的目标位姿估计滤波方法和经典的 PnP 位姿估计方法。

5.3.1　广义特征位姿估计滤波算法性能分析

5.3.1.1　锚点检测算法

根据两组试验结果，AP 和 AD 的对各锚点的检测准确率和算法输出帧率如表 5.6 所列。由于测试图像分辨率以及锚点检测算法运行平台与仿真测试相同，因此锚点输出帧率同仿真测试结果相当。总体来说，在试验过程中，由于相机焦距、畸变、运动模糊、特征虚化等因素的影响，造成实物图像附带了仿真图像所不具备的各项噪声，从而导致目标锚点检测的实物测试精度低于仿真测试。AP 和 AD 算法的实物测试现象与仿真测试现象基本相同，基于区域分块思想的 AP 相比传统的 AD 在检测精度上获得了约 1.8% 的提升，提升效果弱于仿真测试 3%。这时在针对目标局部区域提高分辨率的同时，由噪声产生的虚假特征同样得到放大，从而更大程度上影响检测精度。

表 5.6　地基场景试验锚点检测准确率及输出帧率

试验	标识	LW	LT	FT	RT	RW	均值	帧/s
试验一/%	AP	97.5	97.8	97.8	95.6	96.7	97.1	36.0
	AD	94.6	93.9	94.8	93.1	92.3	93.7	57.2
试验二/%	AP	97.8	94.1	98.9	95.1	97.2	96.6	34.1
	AD	93.9	93.2	96.7	94.9	95.1	94.8	52.7

根据表 5.6 中各锚点的检测准确率可知，网络对无人机目标 LW、FT 以及 RW 的检测准确率整体略高于 LT 和 RT 的检测准确率。图 5.5 列举出了实物测试中无人机在各阶段的成像实例。根据无人机目标的成像特点，无人机的机翼和起落架滑轮相比尾翼的轮廓特征更加清晰。在滑跑阶段，受到背景的干扰，尾翼的轮廓更加模糊。这直接导致了网络对锚点 LT 和 RT 更低的检测准确率。

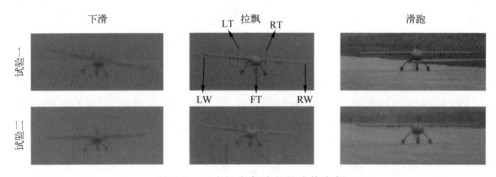

图 5.5　无人机在各阶段的成像实例

根据两组试验结果，锚点误检测呈现集中分布的规律。根据统计结果，它们集中分布于拉飘阶段中无人机近地阶段和滑跑阶段。图 5.6 展示了各阶段地基摄像机拍摄的图像以及锚点检测结果实例。在无人机下滑阶段，图像背景部分皆为天空，干扰特征较少，因而锚点检测准确率高。而当无人机接近跑道或在跑道滑跑时，背景中出现了树林、跑道、草坪、旗帜等多种目标，产生了大量特征，因而对锚点检测产生了干扰。这些误检测对目标最终的位姿估计所造成的影响将在 5.3.1.2 节进行分析讨论。

5.3.1.2　目标位姿估计算法

目标锚点是 FP 和 NP 的共同输入之一。FP 作为提出的广义特征驱动的目标位姿估计算法，以 AP 为锚点检测模块。为了充分对比 FP 和 NP 在位姿估计方面的性能，NP 同样采用 AP 作为锚点检测模块。由于试验的算法运行平台与仿真验证平台相同，因此算法的实时性对比可参见 3.5.3 节，在此不再赘述。

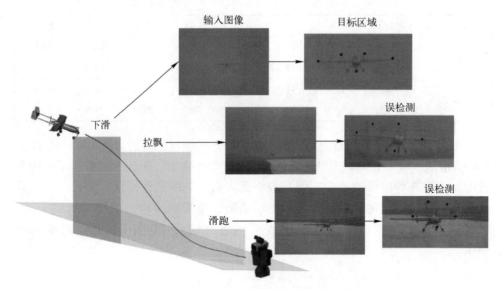

图 5.6 无人机降落各阶段图像及锚点检测结果实例

图 5.7 展示了试验一由 FP 估计的无人机降落轨迹以及 FP 和 NP 的位姿估计误差曲线。同仿真试验结论相似，在无人机目标距离较远即无人机处于下滑阶段时，NP 的估计误差较大。此外，FP 估计的目标轨迹具有较好的平滑性。当无人机分别位于 E 点、F 点和 G 点时，地基摄像机拍摄的目标图像以及锚点检测结果在图 5.7 中得以展示。其中，圆点为无人机目标各锚点的真实图像位置。位于 E 点和 F 点的目标锚点检测准确，因此 FP 和 NP 的目标位姿估计误差较小。而当无人机位于 G 点时，无人机的个别锚点检测结果存在较大偏差，从而导致 NP 算法的位姿估计结果偏差较大，再一次印证了基于 PnP 问题的位姿估计算法对测量误差的强敏感性。与此同时，也充分说明了 FP 对测量误差具有较好的容忍度。根据位姿误差曲线，NP 存在多处较为明显的估计误差，这些误差多数由锚点检测误差直接导致。为进一步验证 FP 对锚点检测误差的容忍度，针对两组试验结果分别统计了在不同程度锚点检测误差情况下，无人机定位和定姿的均方根误差，结果分别如表 5.7 和表 5.8 所列。锚点检测误差的程度量化为各帧锚点误检测数量。根据对应的均方根误差，锚点误检测数量的增加导致 NP 的误差明显增加，但对于 FP 的精度影响并不显著。该结果充分体现了本书提出的 FP 对于锚点测量误差的强鲁棒性。

第 5 章 目标位姿估计方法性能试验验证

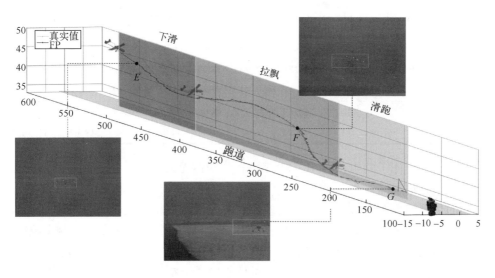

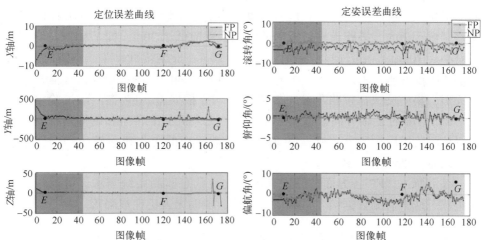

图 5.7 地基视觉场景试验一的无人机降落轨迹以及位姿估计误差曲线

表 5.7 不同程度锚点检测误差基础上的无人机定位均方根误差

误检测数		>0/m			>1/m			>2/m		
坐标轴		X轴	Y轴	Z轴	X轴	Y轴	Z轴	X轴	Y轴	Z轴
试验一	NP	26.8	168.2	14.62	31.6	210.0	19.85	66.8	398.4	24.30
	FP	4.24	32.52	4.84	5.94	33.84	5.00	6.14	39.54	7.99
试验二	NP	21.5	191.0	13.72	39.2	272.2	29.11	53.5	299.0	29.44
	FP	4.15	28.50	2.12	4.34	31.00	2.02	7.04	50.84	7.71

表 5.8 不同程度锚点检测误差基础上的无人机定姿均方根误差

误检测数		>0/(°)			>1/(°)			>2/(°)		
欧拉角		滚转角	俯仰角	偏航角	滚转角	俯仰角	偏航角	滚转角	俯仰角	偏航角
试验一	NP	21.45	14.56	18.54	33.90	27.33	26.33	41.00	36.54	30.01
	FP	16.95	8.62	4.76	17.65	7.99	4.78	17.63	9.25	6.00
试验二	NP	16.31	16.34	20.63	28.63	30.00	29.64	63.01	35.21	70.15
	FP	8.51	13.98	11.42	6.89	19.52	11.00	8.12	18.67	11.96

图 5.8 统计了两组试验中，FP 和 NP 分别在无人机降落三个阶段的目标位姿估计均方根误差。总体来说，FP 相比传统的 NP 在位置和姿态上皆展现出较高的估计精度。各算法的估计误差随着无人机距离摄像机越近逐渐降低。这是由于随着无人机靠近摄像机，其成像尺度越大，同样像素的锚点检测误差在目标区域的占比越低，对位姿估计精度的影响越小。根据无人机降落实际应用需求，在整个降落过程中无人机应尽量位于跑道上空，因此对无人机在跑道平面的定位误差容忍度由跑道长度和宽度决定。通常情况下，沿跑道方向的定位误差应低于 70m，沿跑道垂直方向的定位误差应低于 20m，即 Y 轴方向均方根误差小于 70m，X 轴方向均方根误差小于 20m。根据统计结果，FP 在无人机降落各阶段皆满足上述需求。另外，无人机在近地阶段的离地高估计值精度十分关键，集中反映在拉飘阶段的 Z 轴方向均方根误差。FP 在两组试验中均实现了低于 1m 的 Z 轴方向估计均方根误差。无人机的滚转角和俯仰角精度在无人机拉飘阶段同样十分关键。FP 算法在拉飘阶段的无人机滚转角和俯仰角均方根误差分别低于 5° 和 2°。

综上所述，FP 各方面性能皆满足无人机状态监测系统需求，可以作为无人机状态地面监测数据结合机载惯导系统，辅助无人机完成降落。

5.3.2 深度特征位姿端到端估计算法性能分析

地基视觉场景的算法运行平台与仿真验证平台相同，因此试验中算法的运行效率与仿真试验相当，这里不做重复分析。表 5.9 统计了 SPoseNet 和 LieNet 在各方向上的位姿估计均方根误差。根据误差在各个方向的分布情况可知，Y 轴方向的估计误差明显高于另外两个方向，而姿态估计误差在 3 个欧拉角方向分布较为均匀。总体来说，SPoseNet 相比 LieNet 在估计精度上实现了约 17.9% 的提升。显然，引入了序列图像目标时域依赖关系的 SPoseNet 实现了更精准的目标位姿估计。根据无人机降落过程对离地高度的精度需求，LieNet 在 Z 轴方向上的均方根误差达到了约 4.2m，SPoseNet 有所提升，但距离实际精度要求仍然存在一定的差距。SPoseNet 对目标姿态角的估计均方根误差相比仿真试

第 5 章 目标位姿估计方法性能试验验证

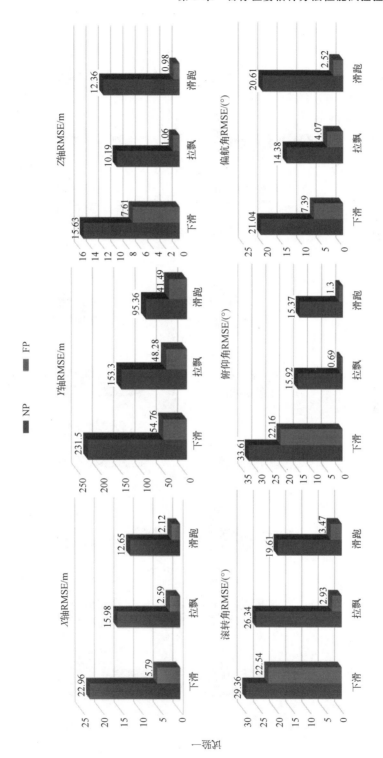

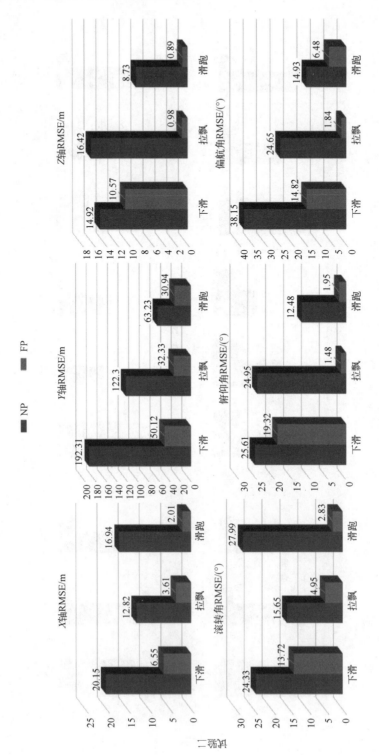

图 5.8 试验各阶段无人机位姿估计均方根误差

验稍有增加，但误差主体分布在 0°~5° 的范围内，这对无人机降落过程的自身姿态精确测量是非常有实际意义的。

表 5.9 深度特征驱动的无人机目标位姿估计试验均方根误差

试 验 分 组	标识	X/m	Y/m	Z/m	滚转/(°)	俯仰/(°)	偏航/(°)
试验一	SPoseNet	8.00	29.24	4.01	4.62	5.91	3.99
	LieNet	10.02	38.30	5.21	7.65	5.10	4.34
试验二	SPoseNet	8.41	31.12	2.81	3.01	4.03	3.70
	LieNet	9.56	34.34	3.35	3.61	8.62	3.98

为了进一步分析 SPoseNet 相对经典的 LieNet 在估计精度方面的提升，图 5.9 统计了 SPoseNet 和 LieNet 估计误差在不同区间占比。首先，在 Y 轴方

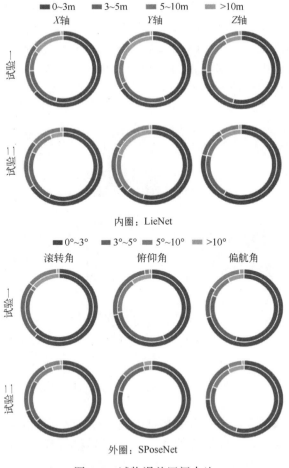

图 5.9 试物误差区间占比

向大于 5m 的误差占比明显高于 X 轴和 Z 轴方向。由于 Y 轴方向与摄像机光轴方向重合度较高，可以看出基于神经网络的端到端估计方法与传统的滤波估计方法对目标深度的估计特性类似，皆表现出相比其他方向更强的不确定性。其次，大于 10m 和 10° 的误差区间在 SPoseNet 估计结果中占比非常小，再一次印证了充分利用序列图像中目标的时域依赖关系能够较好地抑制异常值的产生。针对无人机降落过程对 Z 轴方向定位精度要求更高的需求，SPoseNet 在 Z 轴的定位精度相比 X 和 Y 轴较高，但误差超过 5m 的数据帧仍然占有一定的比例。

5.3.3 位姿估计误差分析

在地基视觉场景中，两种目标位姿估计方法所需的观测量如图 5.10 所示。广义特征位姿估计滤波方法需要锚点图像位置和云台姿态两种实时观测量，此外，相机内参数、视觉系统外参数以及载体位姿属于静态观测量。其中，由于地基视觉系统是静止不动的，因此载体位姿为静态值。对于深度特征位姿端到端估计方法而言，由网络输出的目标相对位姿和云台姿态是算法的实时观测量，与广义特征位姿估计方法不同的是，无须相机内参数完成后续的坐标系转换过程。

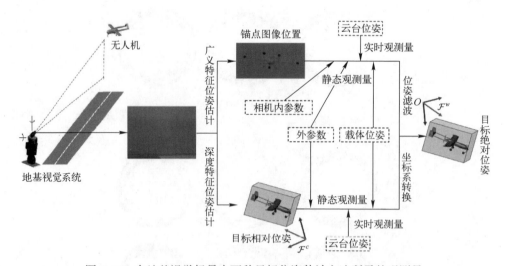

图 5.10 在地基视觉场景中两种目标位姿估计方法所需的观测量

外参数、载体位姿以及云台姿态是以上两种方法共同的误差源。根据这两种方法的基本原理，这些观测量皆用于坐标系转换过程中。图 5.11 展示了云台实时姿态欧拉角误差对位姿估计精度的影响。X 轴和 Y 轴方向的梯度明显高

于 Z 轴方向，这也是造成试验中无人机目标在 X 轴和 Y 轴方向误差更为显著的主要原因。此外，根据图 5.11（a）和（c），云台偏航角越远离初始值，对 X 轴方向精度影响越小，而对 Z 轴方向精度影响越大。不同的是，云台俯仰角则对 Y 轴和 Z 轴方向精度产生显著的影响。

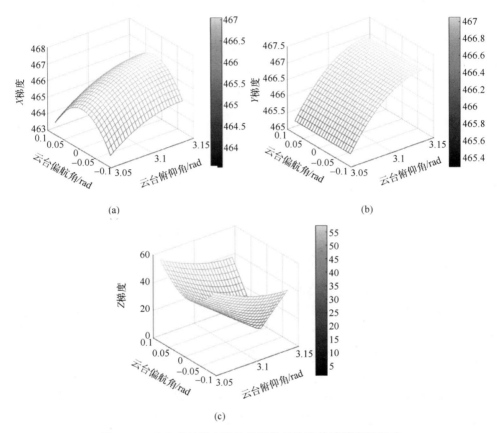

图 5.11　云台实时姿态欧拉角误差对位姿估计精度的影响

视觉系统外参数中相机坐标系与云台坐标系之间的平移向量误差对目标位姿估计精度的影响如图 5.12 所示，3 个方向的位置估计梯度不会随着相机坐标系原点位置的偏差而变化，从而意味着位姿估计误差不会由于外参数中坐标系之间的平移向量变化而被放大。这也验证了在视觉系统外参数标定过程中忽略平移向量方案的可行性。除此之外，观测量中的所有其他关于位置的变化皆不会放大位姿估计误差，因此不再对观测量中与位置相关的部分进行分析。

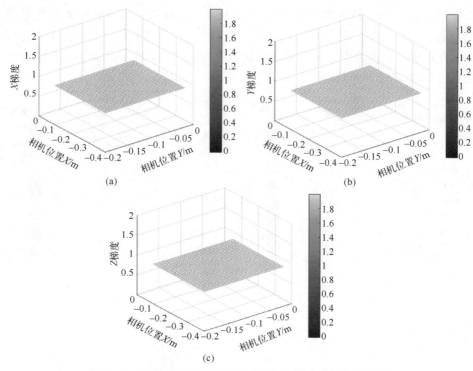

图 5.12 外参数平移向量误差对目标位姿估计精度的影响

对于广义特征位姿估计方法而言，锚点位置和相机内参数是区别于深度特征位姿端到端估计方法的观测量。针对相机内参数，目标在各方向上的定位梯度与相机内参数和目标的图像位置关系如图 5.13（a）~（c）所示。由图 5.13（a）和（c）可知，目标中心坐标越靠近（320，240），即目标越靠近图像中心，位置估计精度受到内参数 f_x 和 f_y 的影响越小。而目标能否靠近中心是由云台的控制性能决定的。由此可知，云台的控制性能不仅影响对目标的跟踪性能，也影响目标的定位精度。根据图 5.13（b），随着目标越靠近视觉系统，目标的图

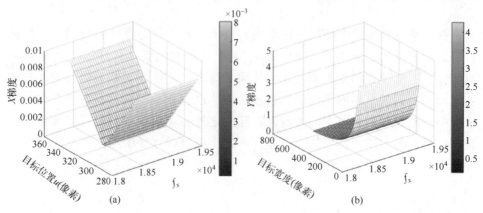

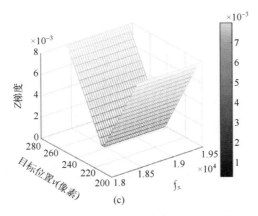

图 5.13 相机内参数误差对位姿估计精度的影响

像尺度越大，目标成像越宽，内参数误差对位姿估计精度的影响越大，这也是造成无人机在降落过程中位姿估计精度逐渐提高的原因之一。

锚点检测误差可以反映在目标的图像尺度和目标图像位置误差，由图 5.14 可知，当目标成像宽度一定时，无论目标位于什么图像位置，对 3 个

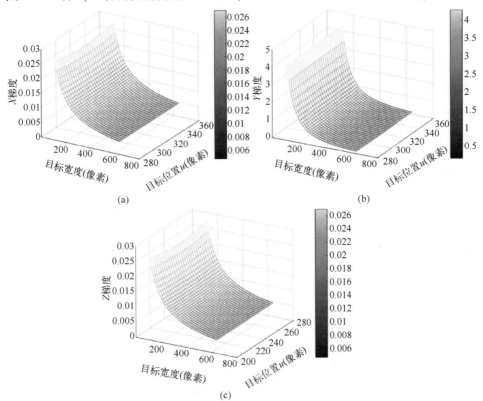

图 5.14 目标的图像尺度和目标图像位置误差对位姿估计精度的影响

方向的定位精度影响几乎没有区别。另外，Y 轴方向的梯度明显高于 X 轴和 Z 轴方向的梯度，说明锚点检测误差对 Y 轴方向的定位精度影响显著强于 X 轴和 Z 轴方向，这也是造成试验结果中无人机目标在 Y 轴方向的定位误差明显高于 X 轴和 Z 轴方向的主要原因之一。随着目标图像宽度越窄，即目标越远离相机，3 个方向的定位梯度越大，此时由锚点检测误差造成的定位误差也越大，与试验现象完全相符。

5.4 机载视觉场景目标位姿估计算法性能验证

面向机载视觉地面目标追踪应用场景，分别开展广义特征位姿估计滤波方法和深度特征位姿端到端估计方法的性能实物验证，并通过与经典目标位姿估计算法对比，验证算法的性能优势。

5.4.1 广义特征位姿估计滤波算法性能分析

5.4.1.1 锚点检测算法

为了测试光照对算法性能的影响，3 组试验分别在不同的光照强度（中等光照、弱光照、强光照）下进行。试验开始前，目标保持静止并等待无人机对其进行首次捕获。无人机起飞后，根据静止目标的真实位置飞临上空并完成目标的捕获。此后，目标开始运动，试验正式开始。3 组试验过程中的原始数据以及机载处理结果存储于机载处理器中，并用于后续的离线对比分析。

分别以 3 组试验原始数据为测试数据集，在机载平台上测试 AP 和 AD 的输出帧率和锚点检测准确率，结果如表 5.10 所列。在实时性方面，由于机载处理器缺少了 GPU 的支持，因此锚点检测算法的运行速度相比在仿真平台上大大降低，AP 输出帧率更是降低至大约 8 帧/s。在精确性方面，由于实物数据附带的强噪声对锚点的精确检测造成了干扰，虽然导致整体准确率相比仿真测试有所降低，但 AP 的提出仍然带来了约 2.7% 的准确率提升，相比地基视觉场景 1.8% 的提升效果更好。这同仿真测试结果相符。此外，AP 和 AD 在 3 种不同光照条件下的锚点检测准确率相当，受到光照变化的影响较小，充分体现了锚点检测网络对光照的强鲁棒性。

表 5.10 机载场景试验锚点检测准确率及输出帧率

试验分组	算法名称	LH/%	LU/%	RH/%	RU/%	均值	帧/s
试验一	AP	96.5	96.7	95.9	96.5	96.4	8.7
	AD	92.0	91.3	93.6	89.7	91.7	14.2
试验二	AP	97.1	95.2	95.4	94.6	95.6	7.9
	AD	91.6	92.1	92.9	93.4	92.5	13.0

续表

试验分组	算法名称	LH/%	LU/%	RH/%	RU/%	均值	帧/s
试验三	AP	92.0	93.4	93.9	94.0	93.3	8.2
	AD	93.0	91.9	93.2	94.4	93.1	13.0

图 5.15 展示了 3 组试验无人机追踪目标过程中,机载摄像机在不同视角下的地面目标成像。与地基视觉无人机降落状态监测应用中的目标成像特点不同,地面目标各锚点位于目标轮廓的 4 个拐点附近,其视觉特征丰富度以及清晰度相当。因此各锚点的检测准确率相差较小,不存在检测准确率明显较低的锚点。另外,目标周围的背景不存在规律性的变化,误检测帧在整个时间轴上分布较为分散,不存在集中分布的现象。

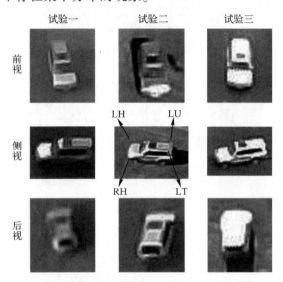

图 5.15 3 组试验中不同视角下的地面目标成像

5.4.1.2 目标位姿估计算法

试验一的地面目标运动空间轨迹估计结果以及定位、定姿误差曲线如图 5.16 所示。由于目标在平坦的地面运动,从而在 Z 轴方向基本不发生运动。因此,下文对目标定位误差的讨论仅限于 X 轴和 Y 轴方向。由于 NP 的估计结果偏差过大,影响 AP 结果的展示,因此图 5.16 中仅描绘了 AP 估计的目标轨迹和目标真实轨迹。地面目标在 400m×300m 的地面范围内做变速运动。无人机的部分轨迹由浅灰色曲线表示。整个飞行过程中,目标误检测、飞行控制误差、云台控制误差等因素,会导致目标在视野中短暂丢失。如处于 P 时刻时,地面目标不在机载摄像机视野内;而 Q 时刻的地面目标则处于摄像机视野中。P 和 Q 时刻的目标检测结果为实线方框区域。Q 时刻准确检测到了目标,但由于其他测量值的误差,导致 NP 输出了误差较大的目标定位结果。P 时刻的检测结果显然是错误的,因而导致了 AP 和 NP 对目标不同程度的定位误差,且后者的误差显然更大。根据试验流程设计,目标在刚开始被捕获时保持短时间的静止后开始变速运动。因此,根据目标的运动状态将试验过程分为目标静止和目标运动两个阶段。

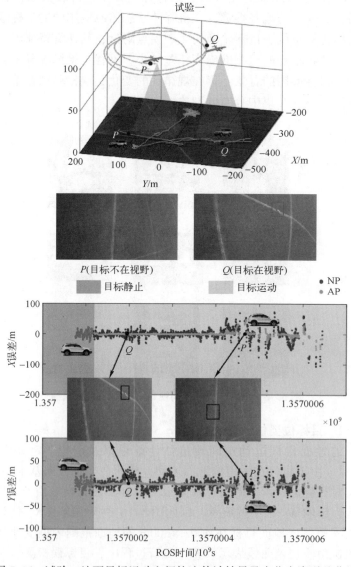

图 5.16 试验一地面目标运动空间轨迹估计结果及定位定姿误差曲线

试验二和试验三地面目标轨迹估计结果和定位误差曲线如图 5.17 所示。结合试验一的误差曲线,NP 的目标位置估计误差分布较为均匀,并没有集中于某时间段。对于 AP 的定位结果,较明显的误差集中于目标静止阶段。根据目标轨迹估计结果,目标静止时 AP 的定位结果在目标真实位置周围无规律地分布。一旦目标开始运动,误差曲线立即趋于平缓。该现象是由位姿估计滤波模型中的目标匀速运动假设造成的。由于目标处于静止状态,因此滤波器对目标速度的估计值在 0 附近波动,从而造成目标位置的预测值在真实值周围呈现无规律的分布。为了量化各阶段的位姿估计误差程度,统计了 3 组试验中各阶段的定位、定姿均方根误差,结果如表 5.11 所列。首先,AP 在目标静止阶段的误差明显高于目标运动阶段,再次验证了上述分析结果。其次,由于目标的变速运动增强了整个系统的动态性能,增强了各项测量值的噪声,从而导致对测量误差较敏感的 NP 对目标位姿的估计误差明显增加。最后,AP 在不同阶段对于目标偏航角的估计误差与位姿估计误差呈现出相反的规律。

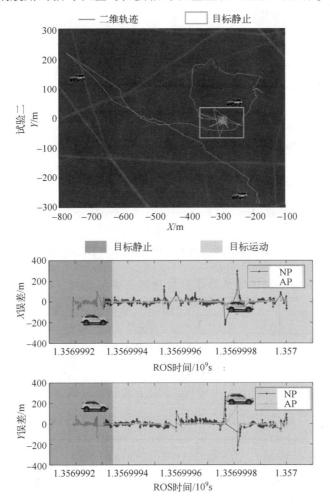

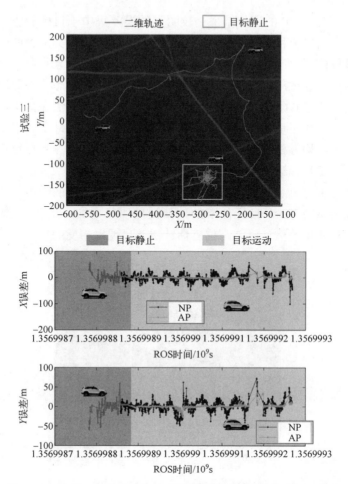

图 5.17 试验二和试验三地面目标轨迹估计结果及定位误差曲线

表 5.11 3 组试验不同阶段的位姿估计均方根误差

试验分组	目标状态	NP			AP		
		X/m	Y/m	偏航/(°)	X/m	Y/m	偏航/(°)
试验一	静止	9.33	11.39	14.72	5.96	5.94	2.61
	运动	22.30	14.85	21.98	4.35	2.62	5.62
试验二	静止	12.57	12.56	17.77	8.45	9.84	3.16
	运动	32.94	30.56	26.48	3.82	3.49	6.60
试验三	静止	12.32	10.17	15.98	6.81	6.54	3.82
	运动	17.61	15.95	39.68	3.94	5.16	6.09

为了进一步分析锚点误检测对 AP 目标定位的影响，统计了存在锚点误检测的情况下，目标在世界坐标系 XOY 平面的定位误差分布状况，结果如图 5.18 所示。对于试验中产生的所有数据帧，只要误检测锚点数量超过 0，

则将该帧数据纳入统计范围。根据结果可以看出，虽然存在锚点误检测，但由于 AP 的滤波处理能够较好地消除离散异常测量值造成的定位误差，多数锚点误检测并没有造成较大的定位误差，仅有大约 10% 的误检测造成了超过 20m 的定位误差，再一次验证了 AP 对锚点误检测较强的鲁棒性。

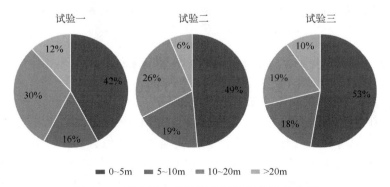

图 5.18　存在锚点检测误差时的定位误差分布

在机载视觉地面目标追踪应用中，一旦在追踪的过程中丢失目标，就需要再次耗时花大量成本搜寻目标。对目标的定位出现较大的偏差将导致云台跟踪错误目标，这是造成目标丢失的主要原因之一。针对上述现状，对试验中在 XOY 平面的定位误差超过 20m 的数据帧，应着重分析造成误差的主要原因。分析结果如图 5.19 所示，除了锚点误检测之外，各传感器数据间的时戳不对齐问题也是造成误差的主要原因之一。通过数据回放和分析，各传感器数据间的时戳不对齐问题在整个试验过程中一直存在，但在某些情形下，该问题会被严重放大，从而导致较为显著的位姿估计误差。例如，假设处理器在 t 时刻采集了图像和无人机姿态数据并打包成 t 时刻样本。但实际上，该图像于 t_1 时刻在摄像机中成像，而无人机位姿于 t_2 时刻在惯导系统中生成，这两种数据存在时间差，即时戳不对齐。从理论上分析，t_2 时刻的无人机姿态应匹配 t_2 时刻的

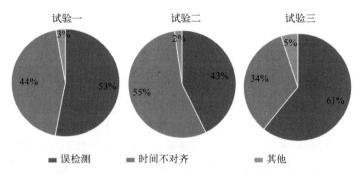

图 5.19　造成超过 20m 定位误差的误差源及其所占比例

图像，但在实际应用中几乎不可能绝对对齐。通常情况下，t_1 和 t_2 相差并不大，若无人机姿态在 $t_1 \sim t_2$ 时间段内变化不大，则由时戳不对齐导致的传感器数据误差也较小，而采用误差较小的传感器数据估计出的目标位姿同样不会存在较大偏差。但是，当无人机飞行发生剧烈抖动造成姿态短时间内变化十分剧烈时，t_1 时刻的姿态同 t_2 时刻的姿态将相差较大，从而导致非常显著的位姿估计误差。

▶ 5.4.2 深度特征位姿端到端估计算法性能分析

5.4.2.1 观测量获取方法

验证围绕观测量获取方法，即相机-云台-里程计外参数标定方法的在线模式展开，其场景如图 5.20 所示。无人机通过围绕位置精确已知的地面靶车盘旋，实现机载视觉系统外参数的精确估计。假设样本采集开始于时刻 k，且样本采集间隔为 1，根据算法原理，自标注过程在样本采集间隔完成。因此，在 $k+n$ 时刻结束样本采集时，生成了由 n 个标签样本构成的样本集。随后基于标签样本集进行外参数优化。

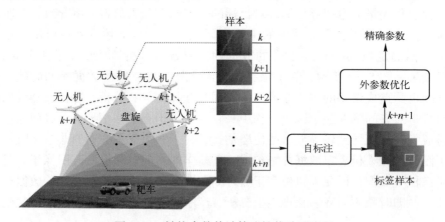

图 5.20 转换参数估计算法性能验证流程

首先，通过 5 组在线试验验证参数优化的收敛性。根据收敛曲线，算法的收敛性能与仿真验证类似，皆快速地实现了 6 个外参数的收敛。5 组试验中，收敛所需的迭代步数分别为 439 步、798 步、750 步、501 步和 532 步，与仿真测试结果相当。由此可知，参数的收敛速度受样本质量的影响较小。

随后，选取两组试验数据分析标定精度。分别基于优化前的外参数和优化后的外参数计算目标重建误差，在 X 轴和 Y 轴上的重建误差如图 5.21 所示。在两组试验中，以初始外参数为基础的重建误差包含了近似正弦波的成分，而经过优化后该成分基本消失。从理论上分析，由外参数误差导致的重建误差分量向量在摄像机坐标系中是基本恒定的。由于无人机通过盘旋的方式跟踪目标，也就是说，摄像机坐标系在与 Z 轴近似垂直的平面上绕 Z 轴做周期性的转动，从而导致上述误差分量在 X 轴和 Y 轴上的分量呈现正弦波轨迹。采用优化外参数计算的重建误差基本消除了周期性的类正弦波分量。由此可知，提出的相机-云台-里程计外参数标定方法在很大程度上消除了外参数由机械安装等因素造成的误差。

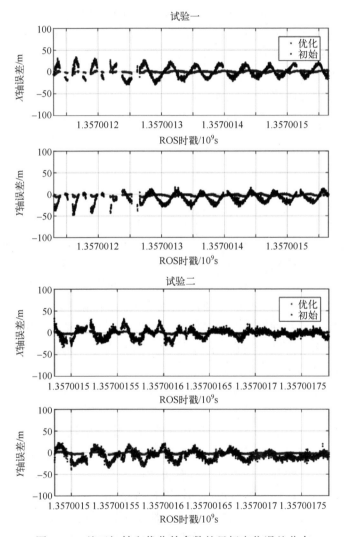

图 5.21 基于初始和优化外参数的目标定位误差分布

5.4.2.2 目标位姿估计算法

与地基视觉应用不同，机载视觉场景中的目标位姿端到端估计算法运行于机载处理器中。由于负载、功耗和体积的限制，机载处理器的运算性能远不如地面平台。除此之外，与广义特征驱动的目标位姿估计方法不同，以神经网络为主体的目标位姿端到端位姿估计算法在没有 GPU 支持的情况下实时性会大大降低。3 组试验的位姿输出帧率如表 5.12 所列。在没有 GPU 支撑的情况下，SPoseNet 仅能实现约 0.43 帧/s 的位姿输出帧率。相比在地面仿真平台实现的接近 9.00 帧/s 的平均输出帧率，网络的运行速度大大降低。与此同时，由于两种算法的网络复杂度相当，因此两者呈现出了相差不大的运行效率。总体来说，虽然实时性无法满足实际应用需求，但随着嵌入式处理器技术的日益发展，处理器将逐渐实现轻量化、高性能化和低功耗化，运行性能将不断提升。此外，神经元芯片技术的日益成熟，也使神经网络的高度集成化成为可能，这将大幅度提升神经网络的运行速度。

表 5.12　机载视觉场景的目标位姿端到端估计试验输出帧率

分　类	SPoseNet/(帧/s)	LieNet/(帧/s)
试验一	0.32	0.54
试验二	0.47	0.49
试验三	0.50	0.60
均值	0.43	0.54

根据 3 组试验结果，SPoseNet 和 LieNet 的位姿估计误差曲线和均方根误差统计如图 5.22 所示。由误差曲线可以看出，在机载视觉场景 LieNet 同样产生了较多的误差突变，而 SPoseNet 的误差曲线较为平滑。此外，针对 3 种场景不同的光照强度，两种算法的误差曲线并没有表现出明显的区别，从而充分体现了神经网络相比传统方案在光照鲁棒性方面的优势，充分满足了机载视觉地面目标追踪的应用对位姿估计算法的环境高适应性需求。根据各个方向的均方根误差统计，SPoseNet 呈现了不同程度的精度优势，精度提升百分比分别为 29.7%、17.5% 和 16.3%。

综合 SPoseNet 在两个无人机应用场景的试验分析结果，其位姿估计精度总体上略低于本书提出的位姿估计滤波算法，但神经网络技术正处于发展时期，相比传统的空间几何约束框架具有更大的提升潜力，意味着以深度学习为基础的目标位姿估计框架具有更大的性能提升空间。除此之外，SPoseNet 在算法运行效率方面与滤波算法也存在较大差距，但随着计算机运算性能以及网络并行技术的日益提高，该差距将不断缩小。虽然位姿端到端估计方法在精确性和实时性方面不如位姿估计滤波方法，但在场景的适应性方面，位姿端到端估计方法的优势较为明显。其中包括对目标外形的适应性、对观测视角的适应性以及对环境光照的适应性等。

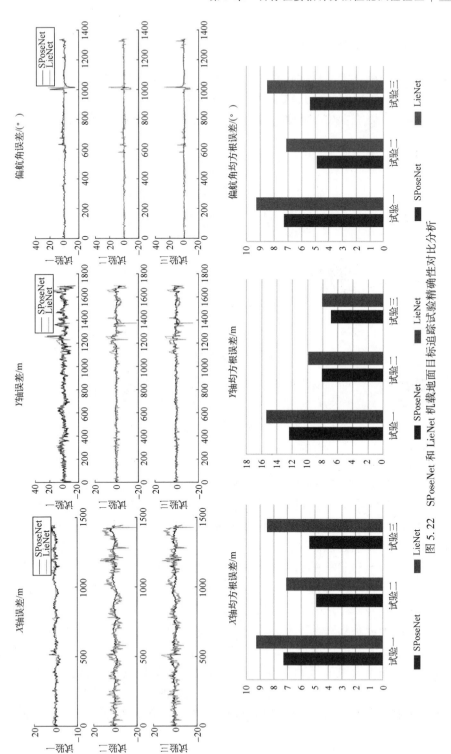

图 5.22 SPoseNet 和 LieNet 机载地面目标追踪试验精确性对比分析

5.4.3 位姿估计误差分析

机载视觉场景中的目标位姿估计观测量如图 5.23 所示。与地基视觉场景不同的是，机载视觉系统搭载于无人机载体上，而无人机处于高速运动状态，因而载体的位姿需要实时获取。除上述区别外，其余观测量同地基视觉场景相同。

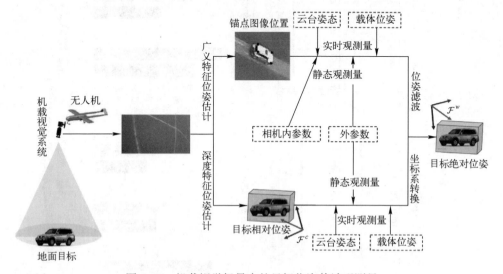

图 5.23　机载视觉场景中的目标位姿估计观测量

实时观测量对目标位姿估计精度造成的影响如图 5.24 所示。在机载视觉场景中，主要针对目标在 X 轴和 Y 轴方向的位置与偏航角的估计精度进行分析。与地基视觉场景不同的是，目标定位梯度在 X 轴和 Y 轴上的数值相当，与试验结果吻合。这是由于无人机在盘旋过程中，摄像机深度方向的误差均匀地映射在了世界坐标系的 X 轴和 Y 轴。根据图 5.24（c）可知，无论云台处于何种偏航状态，对目标的偏航角估计精度影响相同。相反，云台俯仰角位于 90°时，其观测误差对目标偏航角的估计精度影响最大，但由梯度数值可知，该影响程度差异较小。由于无人机围绕地面目标做周期性的盘旋飞行，因而无人机里程计坐标系相对世界坐标系的偏航角发生周期性变化，变化范围为 0°~360°。固定翼无人机在盘旋过程中，其滚转角需保持一定的数值才能维持稳定的盘旋。根据无人机的运动学和动力学模型，其滚转角变化范围为 0°~45°。根据图 5.24（d）和（e），位置梯度随着无人机的盘旋呈现周期性的正弦变化规律，其幅值则随着滚转角的增加而降低。视觉系统外参数对目标位姿估计精度的影响同地基视觉场景相似。

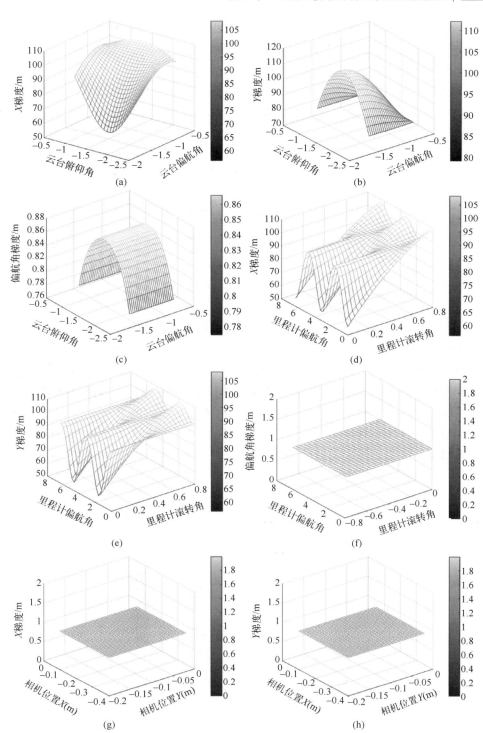

图 5.24 云台姿态、载体位姿以及外参数对位姿估计精度的影响

针对广义特征位姿估计方法，摄像机内参数平移向量对目标位姿估计精度的影响如图 5.25 所示。根据梯度数值，内参数对 X 轴和 Y 轴方向的定位精度影响程度相当，这也是与地基视觉场景的主要区别。

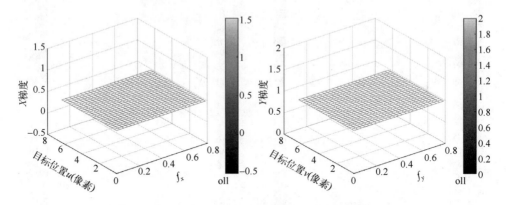

图 5.25　云台姿态、载体位姿以及外参数对位姿估计精度的影响

由目标位姿端到端估计网络直接估计的目标相对相机的位姿精度直接影响最终的绝对位姿估计精度。根据前文对位置相关观测量的分析，目标相对位置估计误差不会被放大，属于线性传播过程。目标相对姿态对绝对偏航角估计精度的影响如图 5.26 所示。在无人机盘旋过程中，相对偏航角对绝对偏航角的影响程度呈现周期性变化规律。在目标相对滚转角达到约 2.36rad 时，目标绝对偏航角的梯度达到最大值，即此时由端到端网络估计的目标相对滚转角存在偏差时，对最终的绝对偏航角估计影响最大。

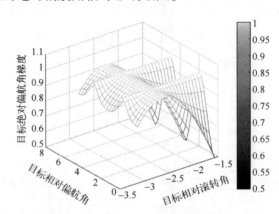

图 5.26　目标相对位姿对绝对位姿估计精度的影响

5.5 本章小结

本章首先针对地基视觉无人机降落状态监测和机载视觉地面目标追踪应用构建了实物验证环境；随后，针对广义特征驱动的位姿估计算法中的锚点检测模块和位姿滤波估计模块展开了实物综合性能验证。试验结果充分验证了基于区域分块的多分辨率锚点检测框架对锚点检测准确率的稳定提升作用。此外，通过与经典的 PnP 位姿估计算法性能对比，位姿估计滤波算法不仅在算法运行效率上提高了约 21.05%，在位姿估计精确性方面也提升了约 32.94%。最后，以经典位姿端到端估计网络为参照，进行了深度特征驱动的位姿端到端估计方法性能实物验证。通过充分利用序列图像中目标的时域依赖，提出的位姿端到端估计网络获得了约 14.65% 的位姿估计精确性提升。与此同时，分析了系统处于不同状态时观测量误差对目标位姿估计精度的影响，并针对两个实际应用场景对位姿估计性能的需求特点，试验结果充分验证了两种算法的应用可行性。

参 考 文 献

[1] PARK K, PATTEN T. Multi-Task template matching for object detection, segmentation and pose estimation using depth images [C]. In IEEE International Conference on Robotics and Automation, 2019: 7207-7213.

[2] WANG H, SRIDHAR S, HUANG J, et al. Normalized object coordinate space for category-level 6D object pose and size estimation [C]. In IEEE Conference on Computer Vision and Pattern Recognition, 2019: 2642-2651.

[3] SOCK J, KASAEI S H. Multi-View 6D object pose estimation and camera motion planning Using RGBD images [C]. In IEEE International Conference on Computer Vision, 2017: 2228-2235.

[4] WANG C, XU D. DenseFusion: 6D object pose estimation by iterative dense fusion [C]. In IEEE Conference on Computer Vision and Pattern Recognition, 2019: 3343-3352.

[5] MORAVEC H P. Rover visual obstacle avoidance [C]. In Proceedings of International Joint Conference on Artificial Intelligence, 1981: 785-790.

[6] HARRIS C, STEPHENS M. A combined corner and edge detector [C]. In Proceedings of Alvey Vision Conference, 1988: 147-151.

[7] LOWE D G. Distinctive image features from scale-invariant keypoints [J]. International Journal of Computer Vision, 2004, 60 (2): 91-110.

[8] BAY H, TUYTELAARS T, VAN GOOL L. Surf: Speeded up robust features [C]. In European Conference on Computer Vision, 2006: 404-417.

[9] RUBLEE E, RABAUD V, KONOLIGE K, et al. ORB: an efficient alternative to SIFT or SURF [C]. In IEEE International Conference on Computer Vision, 2011: 2564-2571.

[10] FISCHLER M A, BOLLES R C. Random Sample Consensus: a paradigm for model fitting with application to image analysis and automated cartography [J]. Communications of the ACM, 1981, 24 (6): 381-395.

[11] LEPETIT V, MORENO-NOGUER F, FUA P. EPnP: An accurate O (n) solution to the PnP problem [J]. International Journal of Computer Vision, 2009, 81 (2): 155-166.

[12] LI S, XU C, XIE M. A robust O (n) solution to the perspective-n-point problem [J]. IEEE Transaction on Pattern Analysis and Machine Intelligence, 2012, 34 (7): 1444-1450.

[13] DEMETHON D F, DAVIS L S. Model-based object pose in 25 lines of code [J]. International Journal of Computer Vision, 1995, 15: 123-141.

[14] ZHENG Y, KUANG Y, SUGIMOTO S. et al. Revisiting the PnP problem: A fast, general and optimal solution [C]. In International Conferenceon Computer Vision, 2013: 2344-2351.

[15] GARRO V, CROSILLA F, FUSIELLO A. Solving the PnP problem with anisotropic orthogonal procrustes analysis [C]. In International Conference on 3D Imaging, Modeling, Processing, Visualization & Transmission, 2012: 262-269.

[16] SKRYPNYK I, LOWE D G. Scene modelling, recognition and tracking with invariant image features [C].

In IEEE and ACM International Symposium on Mixed and Augmented Reality, 2004: 110-119.

[17] VACCHETTI L, LEPETIT V, FUA P. Stable real-time 3D tracking using online and offline information [J]. IEEE Transactions on Pattern Analysis and Machine Intelligence, 2004, 26 (10): 1385-1391.

[18] GIOI R G, JAKUBOWICZ J, MOREL J, et al. LSD: A fast line segment detector with a false detection control [J]. IEEE Transaction on Pattern Analysis and Machine Intelligence, 2010, 32 (4): 722-732.

[19] DHOME M, RICHETIN M, LAPRESTE J T, et al. Determination of the attitude of 3D objects from a single perspective view [J]. IEEE Transaction on Pattern Analysis and Machine Intelligence, 1989, 11 (12): 1265-1278.

[20] QIN L, ZHU F. A new method for pose estimation from line correspondences [J]. Acta Automatica Sinica, 2008, 34 (2): 130-134.

[21] TAYLOR C J, KRIEGMAN D J. Structure and motion from line segments in multiple images [J]. IEEE Transaction on Pattern Analysis and Machine Intelligence, 1995, 17 (11): 1021-1032.

[22] 张政, 张小虎, 傅丹. 一种高精度鲁棒的基于直线对应的位姿估计迭代算法 [J]. 计算机应用, 2008 (2): 326-329.

[23] CHRISTY S, HORAUD R. Iterative pose computation from line correspondences [J]. Computer Vision and Image Understanding, 1999, 37 (1): 137-144.

[24] ANSAR A, DANIILIDIS K. Linear pose estimation from points or lines [J]. IEEE Transaction on Pattern Analysis and Machine Intelligence, 2003, 25 (5): 578-589.

[25] MIRZAEI F M, ROUMELIOTIS S I. Globally optimal pose estimation from line correspondences [C]. In IEEE International Conference on Robotics and Automation, 2011: 5581-5588.

[26] 张跃强, 苏昂, 朱遵尚, 等. 基于多级直线表述和E-估计的位姿跟踪优化算法 [J]. 光学学报, 2015, 35 (1): 0115003.

[27] ZHANG L, XU C, LEE K, et al. Robust and efficient pose estimation from line correspondences [C]. In Asian Conference on Computer Vision, 2012: 217-230.

[28] HARRIS C, STENNETT C. RAPID-a video rate object tracker [C]. In British Machine Vision Conference, 1990: 73-77.

[29] PUPILLI M, CALWAY A. Real-time camera tracking using known 3D models and a particle filter [C]. In International Conference on Pattern Recognition, 2006: 199-203.

[30] KLEIN G, MURRAY D. Full-3D edge tracking with a particle filter [C]. In British Machine Vision Conference, 2006: 1119-1128.

[31] BOYKOV Y Y. Interactive Graph cuts for optimal boundary and region segmentation of objects in N-D images [C]. In Proceedings of the IEEE International Conference on Computer Vision, 2001: 105-112.

[32] BLAKE A, ROTHER C, BROWN M, et al. Interactive image segmentation using an adaptive GMMRF model [C]. In Proceedings of European Conference on Computer Vision, 2004: 428-441.

[33] KASS M, WITKIN A, TERZOPOULOS D. Snakes: Active contour models [J]. International journal of computer vision, 1988, 1 (4): 321-331.

[34] CHAN T F, VESE L A. Active contours without edges [J]. IEEE Transaction on Image Processing, 2001, 10 (2): 266-277.

[35] CHOI H, BARANIUK R G. Multiscale image segmentation using wavelet-domain hidden markov models [J]. IEEE Transaction on Image Processing, 2001, 10 (9): 1309-1321.

[36] UNSER M. Texture classification and segmentation using wavelet frames [J]. IEEE Transaction on Image Processing, 1995, 4 (11): 1549-1560.

[37] 李由. 基于轮廓和边缘的空间非合作目标视觉跟踪 [D]. 北京：国防科技大学, 2013.
[38] BROWN J A, CAPSON D W. A framework for 3D model-based visual tracking using a GPU-accelerated particle filter [J]. IEEE Transactions on Visualization and Computer Graphics, 2012, 18 (1): 68-80.
[39] ABABSA F, MALLEM M. Robust camera pose tracking for augmented reality using particle filtering framework [J]. Machine Vision and Applications, 2011, 22 (1): 181-195.
[40] MOUGHLBAY A A, CERVERA E A, MARTINET P S. Model based visual servoing tasks with an autonomous humanoid robot UR [J]. Frontiers of Intelligent Autonomous Systems SE. , 2013, 466: 149-162.
[41] MOUGHLBAY A A, CERVERA E, MARTINET P. Real-time model based visual servoing tasks on a humanoid robot [J]. Intelligent Autonomous Systems 12, Springer, 2013: 321-333.
[42] RAMALINGAM S, BOUAZIZ S, STURM P. Pose estimation using both Points and Lines for Geo-Localization [C]. In IEEE International Conference on Robotics and Automation, 2011: 4716-4723.
[43] 许允喜, 蒋云良, 陈方. 基于点和直线段对应的扩展正交迭代位姿估计算法 [J]. 光学学报, 2009, 29 (11): 3129-3135.
[44] AGRAWAL M, DAVIS L S. Camera calibration using spheres: a semi-definite programming approach [C]. In Proceedings of the IEEE International Conference on Computer Vision, 2003: 782-789.
[45] 于起峰, 刘肖琳, 陆宏伟. 基于图像的精密测量与运动测量 [M]. 北京：科学出版社, 2002.
[46] HAN X, LEUNG T, JIA Y, SUKTHANKAR R, et al. Matchnet: Unifying feature and metric learning for patch-based matching [C]. In Proceedings of Conference on Computer Vision and Pattern Recognition, 2015: 3279-3286.
[47] LUO W, SCHWING A G, URTASUN R. Efficient deep learning for stereo matching [C], In Proceedings of Conference on Computer Vision and Pattern Recognition, 2016: 5695-5703.
[48] KRULL A, BRACHMANN E, MICHEL F, et al. Learning analysis-by-synthesis for 6d pose estimation in rgb-d images [C]. In Proceedings of the IEEE International Conference on Computer Vision, 2015: 954-962.
[49] GUPTA, S, GIRSHICK, R, ARBEL'AEZ, P, et al. Learning rich features from RGBD images for object detection and segmentation [C]. In European Conference on Computer Vision, 2014: 345-360.
[50] GUPTA, S, ARBELAEZ, P, GIRSHICK, R, et al. Aligning 3D models to RGB-D images of cluttered scenes [C]. In Proceedings of Conference on Computer Vision and Pattern Recognition, 2015: 4731-4740.
[51] ESLAMI S A, HEESS N, WEBER T, et al. Attend, infer, repeat: Fast scene understanding with generative models [C]. In Advances in Neural Information Processing Systems, 2016: 3225-3233.
[52] LABONTE F, SHAPIRA Y, COHEN P. A perceptually plausible model for global symmetry detection [C]. In Proceedings of the IEEE International Conference on Computer Vision, 1993: 258-263.
[53] FLYNN P J. 3D object recognition with symmetric models: Symmetry extraction and encoding [J]. IEEE Transactions on Pattern Analysis and Machine Intelligence, 1994, 16 (8): 814-818.
[54] CHO M, LEE K M. Bilateral symmetry detection via symmetry-growing [C]. In British Machine Vision Conference, 2009: 1-11.
[55] COHEN T, WELLING M. Group equivariant convolutional networks [C]. In International Conference on Machine Learning, 2016: 2990-2999.
[56] WEILER M, GEIGER M, WELLING M, et al. 3D steerable CNNs: Learning rotationally equivariant features in volumetric data [C]. In Advances in Neural Information Processing Systems, 2018: 10402-10413.

[57] DIELEMAN S, FAUW J D, KAVUKCUOGLU K. Exploiting cyclic symmetry in convolutional neural networks. ArXiv: 1602.02660, 2016.

[58] CORONA E, KUNDU K, FIDLER S. Pose estimation for objects with rotational symmetry [C]. In IEEE/RSJ International Conference on Intelligent Robots and Systems, 2018: 7215-7222.

[59] TAYLOR J, SHOTTON J, SHARP T, et al. The vitruvian manifold: infer-ring dense correspondences for one-shot human pose estimation [C]. In Proceedings of Conference on Computer Vision and Pattern Recognition, 2012: 103-110.

[60] SHOTTON J, GLOCKER B, ZACH C, et al. Scene coordinate regression forests for camera relocalization in RGB-D images [C]. In Proceedings of Conference on Computer Vision and Pattern Recognition, 2013: 2930-2937.

[61] BRACHMANN E, KRULL A, MICHEL F, et al. Learning 6D object pose estimation using 3D object coordinates [C]. In European Conference on Computer Vision, 2014: 536-551.

[62] CRIVELLARO A, RAD M, VERDIE Y, et al. A novel representation of parts for accurate 3D object detection and tracking in monocular images [C]. In IEEE International Conference on Computer Vision, 2015: 4391-4399.

[63] RAD M, LEPETIT V. BB8: A scalable, accurate, robust to partial occlusion method for predicting the 3D poses of challenging objects without using depth [C]. In IEEE International Conference on Computer Vision, 2017: 3848-3856.

[64] JARRETT K, KAVUKCUOGLU K, RANZATO M A, et al. What is the best multi-stage architecture for object recognition [C]. In IEEE Conference on Computer Vision and Pattern Recognition, 2009: 2146-2153.

[65] KRIZHEVSKY A, SUTSKEVER I, HINTON G E. ImageNet classification with deep convolutional neural networks [C]. In Advances in Neural Information Processing Systems, 2012: 1090-1098.

[66] PIZER S M, AMBURN E P, AUSTIN J D, et al. Adaptive histogram equalization and its variations [J]. Computer Vision, Graphics, and Image Processing, 1987, 39 (3): 355-368.

[67] RAD M, ROTH P M, LEPETIT P. ALCN: Meta-learning for contrast normalization applied to robust 3D pose estimation. ArXiv: 1708.09633, 2017.

[68] GRIMSON W E L. Object recognition by computer: The role of geometric constraints [M]. Cambridge: The MIT Press, 1990.

[69] HAUSLER G, RITTER D. Feature-based object recognition and localization in 3D-space, using a single video image [J]. Computer Vision and Image Understanding, 1999, 73 (1): 64-81.

[70] CYR C M, KIMIA B B. 3D object recognition using shape similarity-based aspect graph [C]. In Proceedings of the IEEE International Conference on Computer Vision, 2001: 254-261.

[71] HAN F, ZHU S C. Bayesian reconstruction of 3D shapes and scenes from a single image [C]. In IEEE International Workshop on High Level Knowledge in 3D Modeling and Motion, 2003.

[72] SETHI A, RENAUDIE D, KRIEGMAN D J, et al. Curve and surface duals and the recognition of curved 3D objects from their silhouettes [J]. International Journal of Computer Vision, 2004, 58 (1): 73-86.

[73] LAZEBNIK S, SETHI A, SCHMID C, et al. On pencils of tangent planes and the recognition of smooth 3D shapes from silhouettes [C]. In Proceedings of European Conference on Computer Vision, 2002: 651-665.

[74] LIEBELT J, SCHMID C, SCHERTLER K. Viewpoint-independent object class detection using 3D Feature Maps [C]. In Proceedings of Conference on Computer Vision and Pattern Recognition, 2008: 1-8.

[75] LIEBELT J, SCHMID C. Multi-view object class detection with a 3D geometric model [C]. In Proceedings of Conference on Computer Vision and Pattern Recognition, 2010: 1688-1695.

[76] VILLAMIZAR M, GRABNER H, ANDRADE-CETTO J, et al. Efficient 3D object detection using multiple pose-specific classifiers [C]. In Proceedings of British Machine Vision Conference, 2011: 1-20.

[77] GLASNER D, VITALADEVUNI S N, BASRI R. Contour-based joint clustering of multiple segmentations [C]. In Proceedings of Conference on Computer Vision and Pattern Recognition, 2011: 2385-2392.

[78] PEPIK B, STARK M, GEHLER P, et al. Teaching 3D geometry to deformable part models [C]. In Proceedings of Conference on Computer Vision and Pattern Recognition, 2012: 3362-3369.

[79] HAO Q, CAI R, LI Z, et al. Efficient 2D-to-3D correspondence filtering for scalable 3D object recognition [C]. In Proceedings of Conference on Computer Vision and Pattern Recognition, 2013: 899-906.

[80] PRISACARIU V A, ALEKSANDR V S, REID I. Simultaneous monocular 2D segmentation, 3D pose recovery and 3D reconstruction [C]. Asian Conference on Computer Vision, 2013: 593-606.

[81] WOHLHART P, LEPETIT V. Learning descriptors for object recognition and 3D pose estimation [C]. In Proceedings of Conference on Computer Vision and Pattern Recognition, 2015: 3109-3118.

[82] LAI K, BO L, REN X, et al. A scalable tree-based approach for joint object and pose recognition [C]. In Proceedings of Conference on Artificial Intelligence, 2011: 1474-1480.

[83] RUSU R B, BRADSKI G, THIBAUX R, et al. Fast 3D recognition and pose using the viewpoint feature histogram [C]. In IEEE/RSJ International Conference on Intelligent Robots and Systems, 2010: 2155-2162.

[84] RUSU R B, COUSINS S. 3D is here: Point cloud library (PCL) [C]. In IEEE International Conference on Robotics and Automation, 2011: 1-4.

[85] VISHWANATH D, HIBBARD P B. Seeing in 3D with just one eye: Stereopsis without binocular vision [J]. Psychological Science, 2013, 25 (9): 1673-1685.

[86] SIMONYAN K, ZISSERMAN K. A very deep convolutional networks for large-scale image recognition [J]. ArXiv: 1409.1556, 2014.

[87] CHOLLET F. Xception: Deep learning with depthwise separable convolutions [C]. In IEEE Conference on Computer Vision and Pattern Recognition, 2017: 1251-1258.

[88] HOWARD A G, ZHU M, CHEN B, et al. Mobilenets: Efficient convolutional neural networks formobile vision applications [J]. ArXiv: 1704.04861, 2017.

[89] HUANG G, LIU S, VAN DER MAATEN L, et al. Condensenet: An efficient densenet using learned group convolutions [C]. In IEEE Conference on Computer Vision and Pattern Recognition, 2018: 2752-2761.

[90] AUBRY M, MATURANA D, EFROS A, et al. Seeing 3D Chairs: Exemplar Part-Based 2D-3D Alignment Using a Large Dataset of CAD Models [C]. In IEEE Conference on Computer Vision and Pattern Recognition, 2014: 3762-3769.

[91] HOU X, ZHANG L. Saliency detection: A spectral residual approach [C]. In IEEE Conference on Computer Vision and Pattern Recognition, 2007: 1-8.

[92] BLOME D, BEVERIDGE J, DRAPER B, et al. Visual object tracking using adptive correlation filters [C]. In IEEE Computer Society Conference on Computer Vision and Pattern, 2010: 2544-2550.

[93] SIMONYAN K, ZISSERMAN A. Very deep convolutional networks for large-scale image recognition [C]. In Proceedings of International Conference on Learning Representations, 2015.

[94] SZEGEDY C, LIU W, JIA Y, et al. Going deeper with convolutions [C]. In Proceedings of Conference

on Computer Vision and Pattern Recognition, 2015: 1-9.
[95] HE K, ZHANG X, REN S, et al. Deep residual learning for image recognition [C]. In Proceedings of the IEEE Conference on Computer Vision and Pattern Recognition, 2016: 770-778.
[96] KRIZHEVSKY A, SUTSKEVER I, HINTON G. Imagenet classification with deep convolutional neural networks [C]. In Advances in Neural Information Processing Systems, 2012: 1097-1105.
[97] HENRIQUES J, CASEIRO R, MARTINS P, et al. High-speed tracking with kernelized correlation filters [J]. IEEE Transaction on Pattern Analysis and Machine Intelligence, 2015, 37 (2): 583-596.
[98] TONY L. Feature detection with automatic scale selection [J]. International Journal of Computer Vision, 1998, 30 (2): 77-116.
[99] LOWE D. Distinctive image features from scale-invariant keypoints [J]. International Journal of Computer Vision, 2004, 60 (2): 91-110.
[100] ROSTEN E, DRUMMOND T. Machine learning for highspeed corner detection [C]. In European Conference on Computer Vision, 2006: 430-443.
[101] LOWE D. Object recognition from local scale-invariant features [C]. In International Conference on Computer Vision, 1999: 1150-1157.
[102] BAY H, YUYTELAARS T, GOOL L. SURF: Speeded up robust features [C]. In European Conference on Computer Vision, 2006: 404-417.
[103] RUBLEE E, RABAUD V, KONOLIGE K, et al. ORB: An efficient alternative to SIFT or SURF [C]. In International Conference on Computer Vision, 2011: 2564-2571.
[104] ZHANG Z. A flexible new technology for camera calibration [J]. IEEE Transaction on Pattern Analysis and Machine Intelligence, 2000, 22 (11): 1330-1334.
[105] CLEVELAND W, DEVLIN S. Locally weighted regression: An approach to regression analysis by local fitting [J]. Journal of the American Statistical Association, 1988, 83 (403): 596-610.
[106] DO T T, PHAM T, CAI M, et al. Real-time monocular object instance 6D pose estimation [C]. In British Machine Vision Conference, 2018.
[107] HE K, GKIOXARI G, DOLLÁR P, et al. Mask R-CNN [C]. In International Conference on Computer Vision, 2017: 2961-2969.
[108] XIE S, GIRSHICK R, DOLLÁR P, et al. Aggregated Residual Transformations for Deep Neural Networks [C]. In IEEE Conference on Computer Vision and Pattern Recognition, 2017: 5987-5995.
[109] MA N, ZHANG X, ZHENG H T, et al. Shufflenet v2: Practical Guidelines for Efficient CNN Architecture Design [C]. In Proceedings of the European Conference on Computer Vision, 2018.
[110] WU B, DAI X, ZHANG P, et al. FBNet: Hardware-Aware Efficient ConvNet Design via Differentiable Neural Architecture Search [C]. In IEEE Conference on Computer Vision and Pattern Recognition, 2019: 10734-10742.
[111] ARBABMIR M, EBRAHIMI M. Visual-Inertial State Estimation with Camera and Camera-IMU Calibration [J]. Robotics and Autonomous Systems, 2019, 120.
[112] HUANG W. LIU H. Online Initialization and Automatic Camera-IMU Extrinsic Calibration for Monocular Visual-Inertial SLAM [C]. In Proceedings of the IEEE International Conference on Robotics and Automation, 2018: 5182-5189.
[113] NOBRE F, HECKMAN C. Learning to Calibrate: Reinforcement Learning for Guided Calibration of Visual-Inertial Rigs [J]. International Journal of Robotics Research, 2019.
[114] MARQUARDT D. An Algorithm for Least Squares Estimation of Nonlinear Parameters [J]. Journal of

the Society for Industrial and Applied Mathematics, 1963, 11 (2): 431-441.

[115] REDMON J, DIVVALA S, GIRSHICK R, et al. You Only Look Once: Unified, Real-Time Object Detection [C]. In IEEE Conference on Computer Vision and Pattern Recognition, 2016: 779-788.

[116] GAO X S, HOU X R, T J, CHEN H F. Complete Solution Classification for the Perspective-Three-Point Problem [J]. IEEE Transaction on Pattern Analysis and Machine Intelligence, 2003, 25 (8): 930-943.

[117] LEPETIT V, MORENO-NOGUER F, FUA P. EPnP: An Accurate O (n) Solution to the PnP Problem [J]. International Journal of Computer Vision, 2009, 81 (2): 155-166.